水戦争

水資源争奪の最終戦争が始まった

柴田明夫

角川SSC新書

はじめに

「製造に手間のかかる牛乳が、水よりも安い」と嘆くのは、私の故郷、栃木県那須塩原の酪農家だ。輸入されたミネラルウォーターが、近所のスーパーでは1リットル＝200円程度で売られる一方、1リットルの牛乳パックが180円程度で、出荷価格はさらに安いはずだ。ガソリンが過去最高値をつけたといっても1リットル＝150円でようやく国産のミネラルウォーターと同じ程度となっただけだ。

半年ほど前、オーストラリアのブリスベンに出張したとき、現地では干ばつによる水不足のため市民のシャワーは「4分以内」に制限されていた。中国も、北京を中心とする北部で水不足が深刻化している。ヨーロッパもカナダも黒海沿岸も、2007年は干ばつだ。

世界の水をめぐる状況は、われわれ日本人の想像以上に深刻化している。

他人事ではない。水不足の影響は日本にも及びだしている。中国内陸部に雨が降らず、土地が乾き、偏西風に乗って日本へ飛来する黄砂が増加している。家の中に入ってくるだけならまだいいが、日本の農作物への被害が心配され、大気からマンガンやヒ素などの猛毒が通常より高い濃度で検出されるケースも出ているのだ。

黄砂は、水不足問題のほんの一端に過ぎない。真に問題なのは、水不足が食糧生産に与える影響だ。

これまで食糧は、太陽と水と耕す土地さえあれば、いくらでも再生産可能な無限資源とみられてきた。こうした見方に立てば、食糧の価格が上昇すれば、農家の生産意欲が掻き立てられて供給が拡大し、上昇した価格は沈静化するはずだ。

しかし、いまその前提が崩れ、食糧を育てる雨や地下水などの「水」に危険信号が灯り始めた。２００７年９月に小麦価格は過去最高値に達し、大豆、トウモロコシ価格も高騰している。異常気象が、雨を穀倉地帯に降らせなくなっているのだ。

さらに、最近の地球温暖化問題や原油価格の高騰を背景とした世界的なバイオ燃料ブームもあり、トウモロコシや大豆など飼料穀物の国際的な争奪戦がすでに始まっている。中国やインドの工業化がさらに進めば、水と土地の奪い合いが激化することは必至だ。

地球は「水の惑星」と称され、地球上には14億立方キロメートルもの水資源が存在する。ただし、地球上の水のうち淡水は２・５％に過ぎず、その大半は極地などの氷や地下水である。われわれが利用しやすい状態にある河川や湖に存在する地表水は、淡水のわずか

0・3%だ。しかもその分布は、地域的・時期的に大きな偏りがある。水資源の配分は、石油や金属資源にも増して不平等なのである。

世界の〝水ストレス〟が強まるなかで、日本は必要とする食料の6割を輸入している。それは海外から、穀物を育てるための水、さらにそれを食べる牛や鶏などの食肉を生産するための水、つまりヴァーチャルウォーター（仮想水）の形で大量の水を輸入していることでもある。しかも、国内では1割近くの農地が耕作放棄され、河川などからの水資源の利用も約2割に止まっている。これではいずれ、世界から大きな非難を浴びることになりかねない。

世界の水をめぐる状況は、われわれ日本人の想像以上に深刻化している。その一方で、水を資源として確保しようとする欧州企業も出始めている。つまり、水も食糧と同じ戦略物資として考えられており、今後水をめぐるビジネスは、活発化していくものと見られる。

本書は、深刻化する地球温暖化とエネルギー・金属・食糧資源の有限性という問題を、「水」というフィルターを通してより鮮明にしようと試みたものである。

柴田明夫

目次

はじめに　3

序章　世界各地で起こっている水資源戦争　11

「2025年、世界人口の半分が水不足に直面」とする国連報告／生活から水が消える日／欧州、インド、アフリカで水を奪い合う紛争が勃発

第1章　枯渇の危機に瀕する水資源　19
圧倒的に少ない地球上の淡水／人口増による砂漠化のひろがりで水源が枯渇へ／農業用水の管理こそ最重要課題／汚染水の悲劇／世界で使われる水の量／水はただではない

第2章　地球温暖化がもたらす水と食糧の危機　41
人為的な原因で引き起こされる地球温暖化／宮沢賢治「グスコーブドリの伝記」にみる先見性／地球温暖化による異常気象で、干ばつが増加／北朝鮮の政治体制を揺るがしかねない干ばつと大洪水／黄河が干上がった中国の水不足／深刻化する中国の水問題

第3章　巨大な利権とビジネスが動かす水　81
水問題への世界的な取り組みが始まった／地球の水を商品化する巨大企業／世界の水市場を支配する「水男爵」／水道事業民営化に遅れる日本／海水淡水化事業／水の使用は水を汚染することでもある／水関連市場で活躍する日本企業／注目を集める水関連ファンド
第4章　資源大量消費時代の到来　113
エネルギー・資源価格の「均衡点の変化」が始まった／市場メカニズムが働かない資源市場／塗り替わる世界のパワーバランス／

資源は「市況商品」から「戦略商品」へ／活発化する資源外交／資源高騰時代は日本企業の出番／1970年代との類似

第5章　穀物をめぐる3つの争奪戦と穀物メジャーの戦略　141

旺盛な需要に追いつかない食糧生産／個別作物で見た需給動向／穀物をめぐる3つの争奪戦（国家間、都市間、農業と工業間）／穀物市場の脆弱性／不安定化するロシアの穀物生産／見えてきた穀物メジャーの戦略／わずか5種類の作物に食糧供給の50％を依存する危うさ

第6章　水の超大量消費国・日本はどうすべきか　171
バーチャルウォーター貿易／世界の水に支えられる日本／難しい日本の河川管理／水管理は「押し込める」方式から「なだめる」方式へ／都市化と水問題／水環境の高度化を進める／日本に必要な水資源確保

あとがき～世界からミツバチが消える日～　200

序章　世界各地で起こっている水資源戦争

「2025年、世界人口の半分が水不足に直面」とする国連報告

人類はいま、資源の枯渇という未曾有の危機に直面している。近年、エネルギーや金属鉱物、石炭など枯渇性資源の供給に不安が生じており、それらの価格はここ数年で3倍、4倍、あるいはそれ以上に上昇している。

食糧という資源にも、危機的な状況が迫ろうとしている。穀物価格は2006年秋口から騰勢を強め、2007年8月末に小麦が世界的な在庫不足となり、欧米市場で過去最高値を記録した。オーストラリアの干ばつが引き金となったものの、その背景には中国、インドをはじめとする新興国の急速な経済発展にともなう需要拡大がある。

そして、最も懸念すべき資源問題が世界的な水不足である。人類が利用できる地球の水資源は、おそらく一般に想像されるより遥かに少ない。しかも世界人口が増え、世界経済が急速に発展するとともに水需要は拡大の一途をたどっている。加えて発展途上国では工業化、都市化の進展にともない、水が汚染されるため、利用できる水資源はいよいよ少なくなっていく。

水を有限の資源ととらえ、対策を考えようとするとき、やっかいなのは石油や石炭などの資源と違って代替物がないということだ。

水問題の専門家、ピーター・H・ブライク博士は、人間が生存するには1人1日当たり最低50リットルの生活用水が必要だが、平均してそれ以下の生活用水しか使用できない国が55もある、という。

いまのところ日本で生活している限り、水に関する危機は切迫したものとは感じられないかもしれないが、多くの国にとってはすでに重要な課題となっており、国連は古くから水問題を重要な課題として取り上げている。1977年にアルゼンチンで国連水会議が開催され、水の問題がさまざまな角度から真剣に議論された。これを契機として、国連地球環境会議や世界水会議が継続的に開催されるなど、水問題をめぐる国際的な議論が続いてきた。

世界人口の2割に当たる12億人が不衛生な水しか飲めない生活を強いられているとされるが、最近の国連の報告書によれば、「2025年までに世界人口の半分に当たる35億人以上が水不足に直面する」おそれがあるという。

毎年300万〜400万人が水を原因とする疾病で命を失っており、その多くが5歳未満の乳幼児だ。

生活から水が消える日

かつて「水と安全はただだと思っている」といわれた日本人だが、これだけミネラルウォーターが普及すれば、さすがに「水はただで手に入るもの」と考える人は少なくなっただろう。それでも、いまだに「水はいつでも簡単に手に入るもの」と考えているのが一般的な日本人ではないだろうか。しかし、われわれが知らないところで水をめぐる環境は急速に悪化しており、手をこまねいていれば、日本でも「生活から水のなくなる日」が頻発する時代が訪れかねない。

不足して困るのは、飲み水や生活用水ばかりではない。当然、食糧の問題に直結する。つまり、食糧自給率が極端に低い我が国にとって、世界の水不足は実は深刻な問題なのだ。農業は最も多量の水を必要とする産業であり、しかも、その水の利用はきわめて非効率だ。水田からは絶えず水が蒸発する。また植物の葉からは空気中にどんどん水分が蒸散するが、その量は植物の光合成に必要な量の何百倍にもなるという。

そのほかにも、水はさまざまなかたちで人間の社会や生活、経済活動に影響を及ぼす。たとえば21世紀に入って、エネルギーや鉱物資源、食糧をめぐる諸問題が浮き上がってきたが、そこにも水が深く関わっている。石油や石炭、天然ガスを確保するためにも大量の水が必要なのだ。

世界最大の油田はサウジアラビアのガワール油田だが、長く採掘を続けてきたため、油層内部の圧力が低下しており、これまでの生産量を維持しようとすれば、大量の水を注入して圧力を高めなければならなくなっている。また原油が高騰するなか、カナダでは水分が蒸発し固体化したタールサンド（砂油）からの原油生産が拡大している。そこから石油を回収するためにも高温・高圧の水蒸気を吹きつけなければならず、大量の水が使われている。あるいは、石油だけでなく石炭の生産でも選炭のために大量の水が必要となる。

本書では、地球規模で起きているエネルギー・資源、食糧の枯渇という危機を、水という切り口から考えてみたい。そこから、新たな視点や光景が浮かび上がってくるはずだ。

欧州、インド、アフリカで水を奪い合う紛争が勃発

20世紀は「石油の時代」といわれ、貴重な資源である石油をめぐり、列強が熾烈な争いを繰り広げる時代だった。21世紀は「水の時代」といわれる。21世紀の戦争は、水をめぐるものとなるだろう、と指摘する識者は多い。

深刻化する水不足は、その奪い合いによる紛争を引き起こす。

たとえば、複数の国家をまたいで流れる「国際河川」での開発や取水をめぐる紛争だ。水利用に関する流域の国々の利害が対立し、その結果、河川全流域の円滑かつ合理的な水資源利用が妨げられているケースは少なくない。水をめぐる紛争は時として政治問題化し、さらに戦争の原因にもなるのである。

農林水産省国際食料問題研究会の『世界の水資源と食料生産への影響』(2007年7月)というレポートで次のような国際河川をめぐる水紛争が挙げられている。

コロラド川(アメリカ、メキシコで水の過剰利用と汚染)
ヨルダン川(イスラエル、ヨルダン、レバノンほかで水源地域の所有と水配分)
チグリス・ユーフラテス川(トルコ、シリア、イラクで水資源開発と配分)
漢江(韓国・北朝鮮でダム建設と環境)
ガンジス川(インド、バングラデシュ間で堰《せき》の建設と運用)
インダス川(インド、パキスタンによる水の所有権)
ナイル川(エジプト、スーダン、エチオピアによるダム建設と水配分)
ドナウ川(スロバキア、ハンガリーによる運河のための水利用)

今後、水紛争が頻発しそうな地域はどこか。水資源の使用量が世界の他の地域と比べて

図表１　水資源の使用量

km³／年

大陸別	1950	1960	1970	1980	1990	2000
アフリカ	56	86	116	168	232	317
アジア	865	1,237	1,543	1,939	2,478	3,187
ヨーロッパ	94	185	294	435	554	673
南米	59	63	85	111	150	216
北米	286	411	556	663	724	796
合計	1,360	1,982	2,594	3,316	4,138	5,189

（出所）FAPRI

圧倒的に高く、しかも使用量が急増しているアジア地域であろうことは図表1からも容易に想像がつく。これに対し、メコン河川委員会やナイル河川委員会など国際河川の利用促進のため、国際機関により流域委員会が設置されているケースもあるのだが、その紛争解決能力については限界が指摘されている。

今後、世界で起きるさまざまな紛争が水を通して先鋭化する可能性がある。問題をさらに複雑にしているのは水をめぐり、2つの異なる考え方の対立が生じていることだ。

1つは、水は太古からそれぞれの地域の生活に根付き、文化を形成してきたものであり、水の供給は人々の生命を維持するためのものであり、それは国家の務めである、とする考え方だ。その発想に立てば、水は皆が共有するもの、とみなされる。

これに対して、水も商品の1つであり、その所有権と売買は企業の基本的権利である、とする考え方がある。

真っ向から対立する考え方が同時に存在するだけに、近い将来予想される水をめぐる争いは政治、経済にとどまらず、社会、文化、生活まで巻き込んだ裾野の広いものになる可能性が高い。

人類が存続していくうえで必要不可欠な淡水という貴重な資源をめぐり、いま世界でどのようなことが起ころうとしているのか。われわれ日本人はいかなる影響を受け、またいかに行動すべきなのだろうか。

目を背けるわけにはいかない、これらの問題を探っていこう。

第1章　枯渇の危機に瀕する水資源

圧倒的に少ない地球上の淡水

地球温暖化に警鐘を鳴らし、２００７年にノーベル平和賞を受賞したアル・ゴア米元副大統領の著書『不都合な真実』（ランダムハウス講談社刊）には、宇宙から眺めた地球の美しい写真が掲載されている。

「水の惑星」ともいわれる地球は一見水に満ちているように見えるが、実は人類が利用できる淡水は驚くほど少ない。地球の表面は7割が海で、陸地は3割でしかない。広大な海は地球上の水の97・5％を貯める巨大なタンクでもある。問題は、この水はすべて海水だということだ。

国土交通省土地・水資源局水資源部編『日本の水資源』（平成18年版）によれば、地球上には14億立方キロメートルの水があるが、そのほとんどは海水で、淡水は2・5％でしかない。しかも、この貴重な淡水のうち、7割近くは南極や氷河、万年雪などに閉じ込められたものであり、約3割は地下水のかたちで存在する。

つまり、人間が利用しやすい河川や湖沼の水は地球の淡水の0・3％に過ぎないのである。その河川水を世界の総人口65億で割れば、1人当たりたった２００トンになってしまう。

図表２　地球上の水資源

	水量（100万km³）		構成比（%）	
	総量	うち、淡水		
地球上の水総量	1,385.980	35.029	100.00	
海水	1,338.000	－	96.54	
地下水	23.400	10.530	1.69	(30.06)
土壌中	0.016	0.017	0.00	(0.05)
氷雪	24.064	24.064	1.74	(68.70)
（うち、南極）	21.600	21.600	1.56	(61.66)
地下水（凍土）	0.300	0.300	0.02	(0.86)
湖・沼沢	0.176	0.101	0.01	(0.29)
河川	0.002	0.002	0.00	(0.01)
大気中	0.013	0.013	0.00	(0.04)
生物内	0.001	0.001	0.00	(0.00)

(注)（　）内は淡水を100とした場合の構成比
(資料) 水資源便覧より筆者作成

また地球全体で見た場合、利用可能な水資源の量には、地域的・時期的な変動が大きいという特徴がある。

たとえば、東南アジアは雨期と乾期に分かれている。また、中国などのように北部は乾燥し、南部は多雨など、地域による年間降水量の偏りが大きい国もある。そのため、水危機が発生しやすくなってしまう。

水資源の量が限られるなか、世界人口が増加し、それに加えて世界経済が発展し、生活水準が向上するのにともなって１人当たりの水利用量も増加している。

このため、世界の取水量は毎年着実に増え続けているのだ。

図表3　世界の人口推移（国連「世界人口推計2004」）

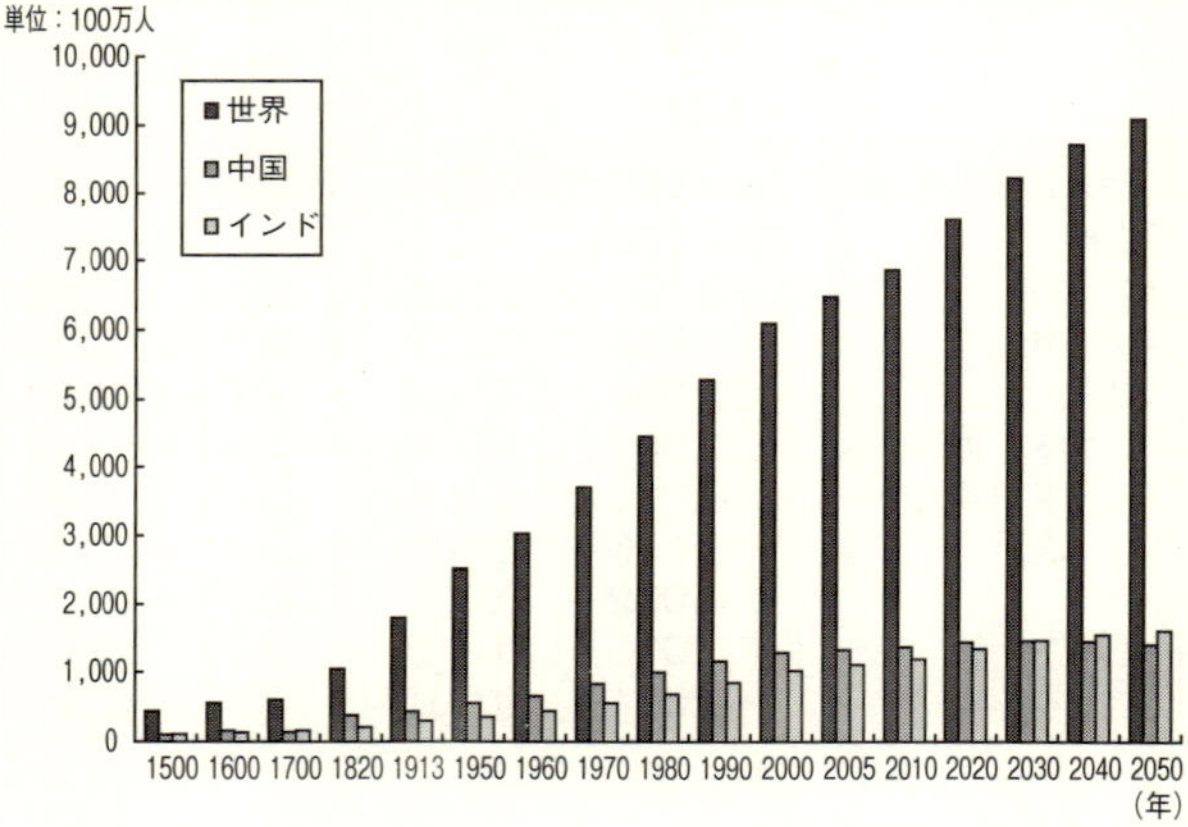

人口増による砂漠化のひろがりで水源が枯渇へ

人類は長い時間をかけてここまで増えてきた。かつて世界人口の増加は緩やかだった（図表3参照）。1600年の5億5000万人が10億人を突破して倍になるまで200年以上かかったのだが、1900年代に入ると増加ペースは速まり、1950年には25億人と約100年で2・5倍になる。驚くべきことに、そこからわずか40年で世界の人口は2倍になり、1990年に50億人を突破したのである。

その後、ペースはやや鈍化したものの、人口は毎年約1億人ずつ増え続け、15年後の2005年に65億人に達している。このまま2

０５０年を迎えれば、図表３のように人口90億の時代を迎える計算になる。わずか１００年で25億人から90億人まで跳ね上がるのである。

問題は、地球がそれだけの人口を抱えられるかだ。資源の制約などから、地球が最大限養える人口は最大80億人という説がある。今後の40年間で、人類はいったいどのような状況に直面するのだろうか。

すでに危険な兆候が現れている。第２次大戦後60年、世界各地で経済発展と人口増加を背景に食糧の急速な増産が行われてきた。にもかかわらず、最近は食糧需給が逼迫《ひっぱく》し、価格は一段と高騰している。

中長期的に、世界の食糧供給に不安はないのか。

これまでの地球規模の食糧供給を予測したモデルは楽観的なシナリオが多かったのだが、そういった予測は水の供給の制約という重大な要因をほとんど無視していた。しかし水資源の実態を踏まえれば、状況は決して楽観できるようなものではない。

しかも最近は食糧不安が高まり、世界中で食糧の生産拡大の動きが始まっているが、皮肉なことに、それが砂漠化や水源の枯渇などの新たな「水ストレス」を招いてしまうことになる。21世紀の世界の食糧生産の鍵を握るのが水なのは間違いない。

図表4　世界の穀物収穫面積および単収

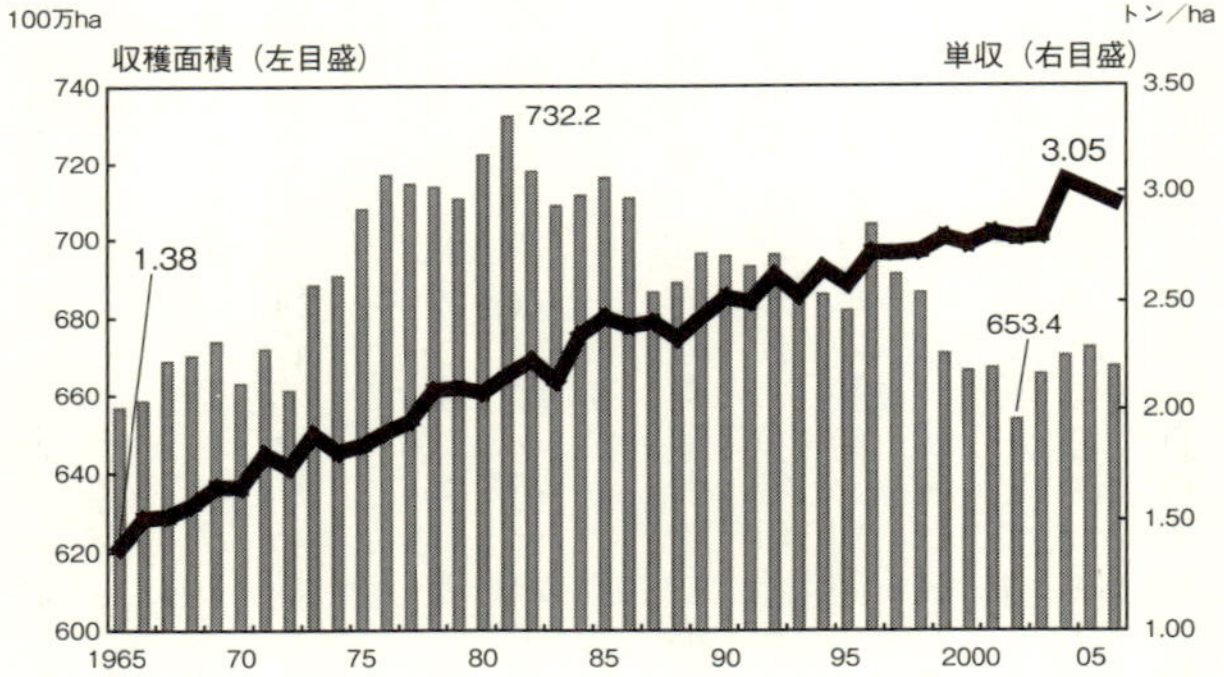

（出所）筆者作成

世界の穀物生産（コメ、小麦、トウモロコシおよびその他飼料穀物）は、1965年の9億トンから2005年には20億トンと倍増している。この大増産は、いかにしてもたらされたのか。

穀物の生産は、収穫面積と単位面積当たりの収量（単収）の積で求められる。図表4は収穫面積と単収の推移を見たものだが、収穫面積は1965年の6億5660万ヘクタールから1981年のピーク7億3220万ヘクタールまでほぼ一貫して拡大した後、減少傾向をたどり、2000年代に入ると6億6000万ヘクタール前後で推移していることが分かる。ちょうど40年前の面積に戻った格好だ。一方、折れ線グラフで表わした1ヘクタール当たり単収は１・38トンから３トンへ、倍以上に上昇している。

したがって、世界の穀物生産は１９８１年までは収穫面積と単収という２つの要因から拡大したものの、それ以降の増産はもっぱら単収の上昇によってもたらされたもの、と分析できる。この単収の増加を実現したのが、灌漑《かんがい》農業なのである。

しかし灌漑整備のためには、地下水が大量に汲み上げられることになる。見方を変えれば、世界の食糧増産は地球に対して砂漠化や水資源の枯渇といった水ストレスを加え続けてきた歴史でもあるのだ。

その結果、世界各地で砂漠化が進行し、水源の枯渇が進んでいる。

砂漠化とは、かつては緑豊かだった土地の土壌がしだいに浸食され、土壌の水分が失われていくことであり、その行き着く先が砂漠だ。ちなみに、根本正之氏著『砂漠化ってなんだろう』（岩波ジュニア新書）によれば、広義の砂漠とは「植物が自然景観の中心とならない場所」という。この見方によれば、都会でも砂漠化が進んでいるといえるのである。

砂漠化は何によって引き起こされているのか。地球温暖化を原因として指摘する論者もいるが、多くの場合、不適切な農業活動などの人間の営みによるものといえる。

砂漠化を促進させる人間の活動に、次のようなものがある。

①放牧地での過放牧、すなわち植物の生産能力以上の家畜の飼育
②降雨だけに依存している畑での過耕作
③灌漑農地の不適切な水管理
④薪炭材や建設用材を確保するための森林の乱伐
⑤土地の許容範囲を超えたさまざまな人間の活動

典型例を挙げれば、モンゴルだ。同国は資源大国であり、埋蔵量が豊富とされる原料炭をはじめ銅、金、レアメタル（希少金属）などを求め、欧州各国や米国、ロシア、中国、日本が熾烈な争奪戦を展開している。鉱物探査や鉱山開発のため莫大な資金が投入され、現地は資源ブームに沸き、消費ブームも起きている。

そのモンゴルは、世界有数のカシミアの産地でもある。ヤギの首の毛からとるカシミアは貴重品で、輸出需要を当て込み、ヤギが急増した。ヤギは草を徹底的に食べ尽くすことから、放牧すれば、表土がさらされるようになり、風食などの影響を受けやすくなり、砂漠化を招きやすいといわれる。

筆者が２００７年９月に訪れたとき、首都ウランバートル近郊の山腹まで多くのヤギが

放たれ、しきりに新芽をはんでいるのを見た。数年前までは家畜の全飼育頭数のうちの10％程度だったヤギの割合が、30％を超えたと聞いた。ヤギの増加により、砂漠化はさらに加速するだろう。

そのような状況を目の当たりにすると、砂漠化の要因の大半は人為的なものなのだということが実感される。

農業用水の管理こそ最重要課題

地球上の淡水の供給量は限られているにもかかわらず、２０００年時点の世界の年間水使用量は約４０００立方キロメートルと過去40年間で2倍に増加した。年率では１・７％の増加ペースである。

地球を1つのシステムとしてとらえたとき、自然のままの食糧生産によって養うことのできる人口は5億人程度といわれる。このため65億人の人類を養うには組織的な農業が不可欠である。それが灌漑農業なのだ。

地球上の淡水の約7割（アジアでは8割以上）は、農業用水として使われている。いい換えれば、水は主として食糧生産のために使われており、食糧需要拡大は水の消費量の増大に直結する。水の危機とは、飲み水が足りなくなることだけではない。より重大なのは食糧の供給に不安が生じるということである。

世界の農業地帯をながめると、農業の大半は自然の降雨による天水農業だが、降水量の少ない地域では灌漑農業が行われている。農業用水の15％は灌漑に利用されており、その総量は年間2000～2500立方キロメートルに達する。

実際、世界の穀物生産量と灌漑面積はほぼパラレルに拡大してきた。灌漑は品種改良や施肥の改善とあいまって食糧増産に大きな貢献をしている。フィリピンの国際稲研究所（IRRI）が行った「緑の革命におけるコメの増産への寄与度」に関する調査では、灌漑の寄与度が最も高く、コメの増産の諸要因の29％が灌漑との報告がなされている。

現在、世界では全耕地の約2割を占める約2・7億ヘクタールの灌漑面積があり、そこで食糧の約4割が生産されている。灌漑は引き続き増加傾向にある。にもかかわらず、世界の人口も増加しているため、1人当たり灌漑耕地面積は約0・05ヘクタールと横ばいで推移している。

したがって、食糧生産を増やすには灌漑のさらなる普及が最も効果的な方法ということになる。この点、国連食糧農業機関（FAO）も、「人口の増加や食生活の高度化（畜産物の消費の増加）にともない、２０５０年の穀物需要は１９９９〜２０００年の１・６倍（30億トン）に増大する」と予測し、「食糧増産を達成するため引き続き灌漑耕地を拡大させていく必要がある」と指摘している。また、灌漑のための農業用水の使用量は１９９５年と比べて、２０２５年には27％増加すると推計している。

一方、環境面でいえば、灌漑農業は大量の水を浪費する方法でもある。灌・排水路を流れる水が日光にさらされると流水の表面や圃場《ほじょう》の表面から蒸発してしまうためだ。さらに作物からも水は蒸発し続けている。動物が汗をかくことで体温を調整するのと同じように、植物も熱を放出させるため水分を蒸発させる。そのため、農業用水の半分以上は回収不能となる。

また、灌漑のための水の大半は地下水を汲み上げることで供給されるが、その結果、世界中で地下水の水位の低下や枯渇が懸念されるようになっている。淡水の3割を占める地下水は、地球にとって血液に匹敵するほど重要なものなのだが、それがいまや危機的な状態におかれているのだ。

たとえば、インドでは灌漑用水の約半分が地下水だ。しかも水道の費用は徴収されず、設備は外国の資金で造られているため、農民はコスト負担の痛みを感じず水を使える。節水の動機などまったくない状態である。同国では、1981年に約400万本であった井戸が、1997年には約1700万本と4倍以上になった。この間、地下水による灌漑面積は6倍の3600万ヘクタールに拡大している。重要な地下水が、そのようにして大量に消費されているのだ。

中国でも農業用水の総需要量に対する比率は80％を超すなか、北部は慢性的な水不足に悩んでおり、華北平原の北部では地下水位は年に1～1・5メートルずつ低下している。特に1999年、北京の地下水位は1・5メートルも低下した。1965年以来、同市の浅い帯水層の水位は約59メートル下がったという。北京周辺の深井戸は、いまや淡水を摂取するのに1000メートルも掘り下げなくてはならず、水供給のコストが急激に増加している。

心配されるのが農業への影響だ。華北平原で掘った井戸は1961年には11万本だったが、これが1997年には200万本に増えた。

この背景には水料金の安さがある。ちなみに中国では、水の料金体系は「水法」に原則が決められている。北京市の家庭用水は1トン当たり、上水道料金が2元（30円）、下水道は0・52元（7・5円）と安く設定されているのが1つの問題である。

地球には地下水が１０５０万立方キロメートル存在するといわれるが、そのなかには地層の堆積時に地層中に閉じ込められ、水の循環から孤立した「化石水」と呼ばれるものも多い。化石水に関しては、中東やアメリカのセントラルバレー、オガララなどでは、化石水の農業用水への利用のため、涵養量を上回る過剰な揚水が行われ、地下水の枯渇が進んでいる。

なかでも、米国のオガララ帯水層の枯渇は深刻な問題として古くから指摘されている。米中西部は、年間降水量５００ミリ以下という乾燥地域である。そのため、オガララ帯水層からのポンプ灌漑システム（センターピボット）により、大規模農業を展開している。気象条件や地層の構造のため、オガララ帯水層への涵養量は極めて少ないにもかかわらず、大規模灌漑による地下水汲み上げが続けられた結果、地下水位が低下し、いまや枯渇する井戸も見られている。現地では灌漑面積の縮小やローテーションによる休耕など灌漑用水の効率的な利用を進め始めているが、地下水位の低下は止まらない。米国地質調査所によれば、帯水層からの取水が拡大する以前から２０００年までの間に水量は２４２９億立方メートル減少し、平均水位は３・６メートル低下しているという。このままでは遠くない将来、これまでどおりの食糧生産が困難になると考えられる。

近年、世界で穀物の増産が図られてきたが、そこでは化学肥料が多用され、羊や牛の過放牧がなされていた。さらに地下水の過剰な汲み上げがあり、農業用水から必要以上の水が蒸発したり、水漏れが起きたり、といった不適切な灌漑施設の管理をともなう農業活動があった。それが過去数十年にわたって続けられた結果、エロージョン（土壌浸食）や塩害などの土壌劣化、砂漠化、水源の枯渇懸念といった問題が顕在化している。

農業大国でもある米国では、早くも1970年代末にエロージョンや水質汚染などの問題などが指摘されていた。また農業用水の利用では、工業部門や都市生活用水など民生部門との競合が激化し、あるいは野生生物保護のための規制強化などのため、米南西部の穀倉地帯を中心に水資源の深刻な枯渇が語られるようになっていた。

欧州でも1980年代に密植などの集約的な農業生産の方法が取り入れられ、地下水汚染、エロージョン、野生動物の生息地の減少などが指摘されるようになった。

アジア地域やアフリカなどの新興国や発展途上国でも、不適切な農業活動によるエロージョン、塩害、水源枯渇などが深刻化している。また、貧困問題を抱えた地域では、薪炭材の採取のための森林の伐採が行われ、さらに焼き畑農業のため森林が減少しているが、これらが地域における生物多様性を損ね、かつ地球温暖化の原因にもなっている。

加えて、地球温暖化と森林火災の関係も気になる。２００７年6月のギリシャ・アテネ郊外での森林火災や、２００７年10月のカリフォルニアの大森林火災は大きな被害をもたらした。地球温暖化などの影響で乾燥状態が続き、落雷などちょっとした原因で火がつきやすい状況にあることは確かだ。

さらなる問題は、いったん砂漠化が始まれば、その土地では塩害が発生し、植物が育たなくなるため、砂漠化に拍車がかかることだ。前出の本『砂漠化ってなんだろう』によれば、「作物の根は塩分が濃くなった土壌の水分を吸収しにくくなり、作物が多くの塩類を取り込むとナトリウムイオンにより生理的障害が生じて成長が阻害される」のだという。また、「砂漠化した土地を緑化するため、成長の速いポプラ類が盛んに植えられるようになっているが、こうして造られたポプラばかりの単純林はコマダラカミキリなどの穿孔性《せんこうせい》害虫が発生して壊滅的な被害がもたらされることがある」という。

逆にいえば、これらの事実は、さまざまな問題を抱える農業用水を合理的に利用すれば、世界の水需給のバランスが改善されることを意味する。たとえば圃場からの蒸発を防ぐため、点滴農業、すなわち長いパイプの筒先から水を少しずつ作物の根元に滴下する節水灌漑などが有効といえる。また地下水の枯渇の問題に対しては、なんといっても地下水からの取水の制約が不可欠である。

汚染水の悲劇

近年、中国やインドなどの新興国の急速な工業化によって、貴重な淡水資源が汚染されている。国連の調査によれば、世界では毎日、産業廃棄物や化学物質、屎尿《しにょう》、農業廃棄物(肥料、農薬およびその残渣《ざんさ》)などの廃棄物が河川や湖などに200万トンずつ排出されているという。この廃棄物によって汚染水が広がってしまう。通常、1リットルの汚水が8リットルの淡水を汚染するという。

こうした水汚染の影響を最も受けているのが、開発途上国の貧困層だ。国連の「世界水発展報告書」(以下、報告書)は、開発途上国の人口の50%が汚染された水を利用している、とする。特にアジア地域は人口が多いわりに水資源が限られる傾向があるため、汚染の問題が深刻だ。アジアには世界の水資源の36%しかないが、それで世界人口の60%を養っているのである。

また、アジアなどの発展途上国では、病気や死亡の原因のなかで水に起因するものが多い。われわれ日本人が海外旅行をするとき、海外では決して生水を飲まないように、と注意を受けるが、下痢や胃腸病など汚染された水を飲むことを原因とする疾病は少なくない。アフリカなどでよく見られるマラリア、住血吸虫症など生物を媒体とする疾病は水域生態系で繁殖する昆虫や巻貝を中間宿主として感染するものが多い。日本ではプールで感染することの多いトラコーマなどの眼病にしても、そもそも洗濯や入浴など衛生のための生活用水が足りず、不衛生な水を使い、そこでバクテリアや寄生虫が発生することによって感染する疾病だ。

報告書によれば、２０００年の1年間だけで、世界では、不衛生な上下水道設備を原因とする下痢や住血吸虫症、トラコーマ、腸内寄生虫などの感染症で２２１万人が死亡し、マラリアにより１００万人が死亡したという。また世界では、20億人以上が住血吸虫や土壌感染する腸内寄生虫に感染しているという。悲劇的なのは、それらの被害を受けている者のほとんどが５歳以下の児童であり、その大半は予防が可能な疾病だということだ。

世界では、いまなお11億人もの人々が良質の上水道を利用できず、24億人が衛生的に整備された下水道設備を利用できない状態に置かれている。

仮に、それら未整備地域に水を供給する上水道設備を整備し、基本的な下水道設備を普及させれば、感染症による下痢は年間17％低減すると推計されている。

世界で使われる水の量

世界で水の不足、水の汚染が深刻になるなか、世界の人々は毎年どのくらいの水を使っているのだろうか。

『日本の水資源』によれば、世界の年間水使用量は人口増や経済成長のため、この40年で倍増し、2000年現在、約4立方キロメートルになった。また世界の1人当たり1日の水使用量を用途別シェアで見ると、農業用水がおおよそ7割、工業用水が2割、生活用水1割だが、これから中国、インドなど莫大な人口を抱える新興国で経済発展が進めば、農業用水向けの比率が低下し、それに代わって工業用水、都市生活向けの生活用水の比率が高まっていくものと見られる。

淡水の供給がそれほど増えず、水需要が拡大すれば、早晩世界は深刻な水不足に陥る。では、社会がどのような状況にあるとき、「水不足」と定義されるのか。

この点について、国際水管理研究所（IWMI：International Water Management Institute）が考え方を示している。まず、それぞれの国における1人当たりの年間水資源量（AWR：Annual Water Resource）を求める。

そのうえで、水供給量が1人当たり年間1700立方メートルを上回れば、水不足はあくまでも地域的な問題で、その地域全体にわたっては存在しない、と定義する。

水供給量が１人当たり年間１０００立方メートルを下回る場合、人々の健康や経済開発、人間の福祉に影響を及ぼし始める。

さらに、１人当たり５００立方メートル以下の水準では、水の入手可能性が生存にとって最優先事項になる状況、とされる。

なお、ＩＷＭＩは水不足の指標として、特定の地域で年間に降った降水量（すなわち年間取水量）をその地域のＡＷＲで割った数値を掲げている。すなわち「年間降水量＝年間総取水量÷ＡＷＲ」である。この基準では、総取水量がＡＷＲの40％を超えた場合、その国は水不足の状態にある、とみなされる。

ＡＷＲを算定するうえでの水の供給源は４つある。

第１は、河川および帯水層からの流入量から流出量を差し引いた純流入量である。

第２は、氷、貯水池、池、帯水層、土壌水分に蓄えられている水の隔年ごとの変化量。

第３は、貯変化量であり、雪、氷、貯水池、池、帯水層、土壌水分に蓄えられている水の隔年ごとの変化量だ。

第４に、地表および地下を流れる水の量である。これは年間の降水量とその地点からの

図表５　日本の水資源賦存量

単位：億m^3／年（注）データは2002年

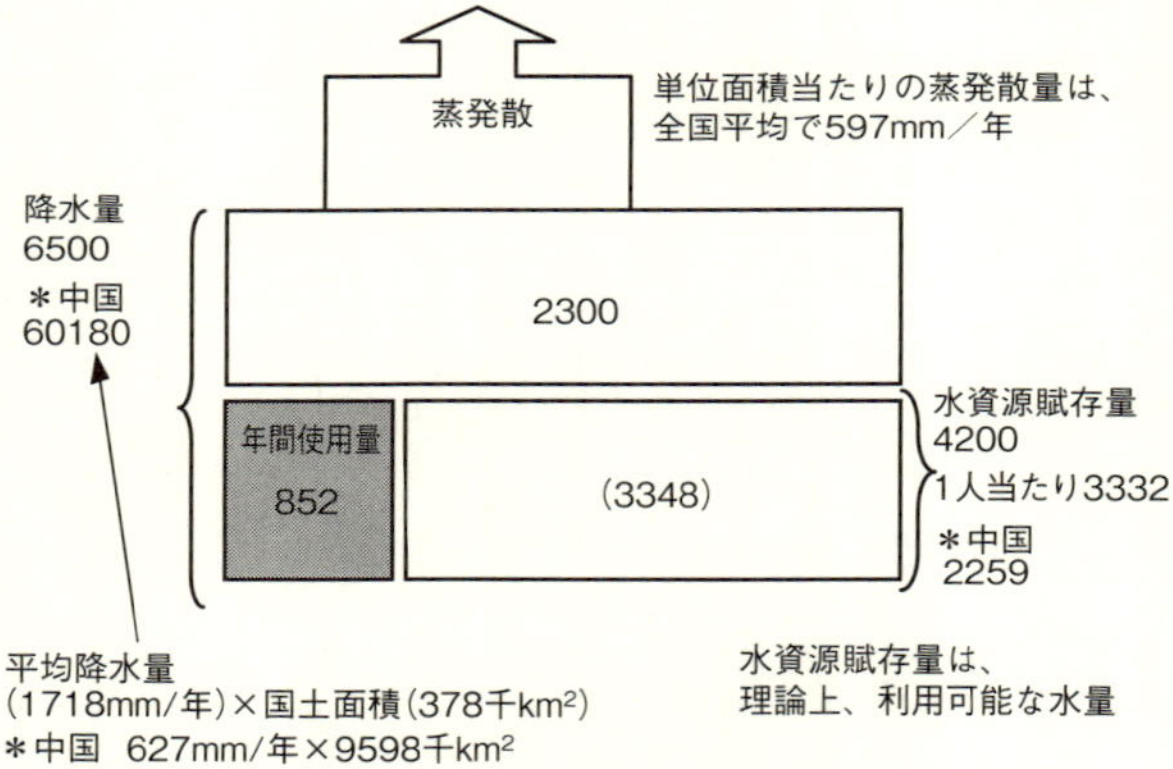

（出所）国土交通省「平成17年　日本の水資源」

蒸発量の差に等しい。

このほか、第５の供給源として人為的に海水から淡水化された水があるが、これは限られた量であり、非常にコストのかかる供給源である。

水はただではない

世界中で水不足が深刻化しているが、我が国の水事情は大丈夫なのだろうか。

「日本人は水と安全はただだと考えている」という内容が書かれていたのは、イザヤ・ベンダサンこと評論家・山本七平氏の『日本人とユダヤ人』（角川文庫）だが、日本では昔から「湯水のように使う」と水はどこにでもふんだんにあるものの喩《たと》えに使われてきた。

しかし、日本の水資源について調べれば、安閑としていられる状況にないことが分かる。図表5は、日本の水収支を表している。国土交通省水資源部は、過去30年間にわたる降水量と蒸発散量の調査から日本人が水資源として最大限利用可能な水資源量を「水資源賦存量」として示している。ちなみに、この水資源賦存量は、年間の降水量から蒸発散量を引いたものに国土面積を乗じて求める。日本の年間降水量は約6500億立方メートルだが、このうちの35％の2300億立方メートルが蒸発散するので、残りの65％、4200億立方メートルが理論上、最大限利用可能な水資源量ということになる。

日本は豊かな水の国というイメージをお持ちかもしれないが、国民1人当たりで見れば決して豊かとはいえない。

水資源賦存量を人口で割り、年間1人当たり水資源量（AWR）を見ると、日本は3300立方メートルとなり、世界平均の8600立方メートルの半分以下と、かなり見劣りがする。ちなみに、AWRが最も大きい国はカナダで約9万1000立方メートルであり、以下、ニュージーランド（8万3000）、ノルウェー（8万3000）、ブラジル（4万5000）、ロシア（3万2000）と続く。

しかも、われわれは国内の水資源をすべて利用しているわけではない。

実際に使用している水量は、２００３年の取水量ベースで年間８５２億立方メートルであり、水資源賦存量に対する水資源使用率は約20％に過ぎないのだ。水資源使用率がこのように低い理由として、日本は地形が急峻で、河川の延長距離が短いところに降雨が梅雨期や台風の季節に集中するため、せっかく降った雨のかなりの量が資源として利用されないままますぐに海に流れ出てしまう、といった事情がある。

我が国の水資源を用途別に見れば、農業用水が66％と圧倒的に多く、水分の蒸発散という形で水を浪費させつつも、実は莫大な水資源を節約している、といえるのである。

食糧生産には膨大な水が必要だが、日本は食糧自給率がカロリーベースで40％しかない。食糧の大半を輸入に依存している日本は、食糧生産に必要な大量の水も海外に依存しているため、国内の水資源を利用せず済んでいるのである。

これについては、第６章で改めて詳しく述べたい。

第2章　地球温暖化がもたらす水と食糧の危機

人為的な原因で引き起こされる地球温暖化

筆者が初めて「地球温暖化」という言葉を耳にしたとき、「地球寒冷化」の間違いではないか、と思ったものだ。一般に、30年以上で1回起こるかどうかの稀な現象を「異常気象」という。「異常気象」という言葉が頻繁に使われるようになったのは１９６０年代だが、当時はむしろ「地球は寒冷化に向かうのではないか」といわれていた。異常気象の増加は、地球の自転のズレや太陽の黒点の変化や大規模な火山の爆発など自然の要因によるものとみなされ、今後太陽の活動が弱まり、地球が寒冷化するのではないか、と懸念されていたのだ。

１９８1年当時、気象庁出身の気象研究家として知られていた根本順吉氏の著書に『冷えていく地球』（角川文庫）がある。これを読むと、北陸地方の豪雪、南米の潮流変化、アフリカの干ばつ、火山の大噴火など、世界各地に頻発する大自然の異変について、小氷期との関連でとらえている。気象庁の気候変動調査会が１９７９年に発表した見解でも、１９７７年までの気候変動および異常気象の現れ方について、次のような指摘がなされていた。

①引き続き変動の大きい天候が発生している

②１９７０年代に入ってから大気還流の南北流型が増加し、極端な天候が共存している
③異常気象は異常低温と異常少雨の発生が目立ち、地域差が大きい
④１９７０年代の北極地方の気温は１９６０年代よりは上昇したが、中緯度地方は寒冷化が進み、北半球全体の平均気温は引き続き寒冷化しつつある
⑤日本の平均気温は１９６０年代初期から低下し始め、１９７０年代は平年値に達し、寒冷化の傾向は停滞している。降水量は少雨傾向が続いている
⑥太陽黒点数や気候変化の周期性からは寒冷化の傾向が続き、天候の変化は大きくなると予想されるが、人間活動のため寒冷化は和らげられることも考えられる
⑦社会構造の複雑化にともない、気候変化の影響は広範囲に及ぶであろう

やがてこれに対し、人間の活動による変動のため地球が温暖化に向かっている、という説が提起され、それについて真剣に議論されるようになる。１９８０年代の半ばのことだ。

１９８５年にオーストラリアのフィラハで地球温暖化に関する初めての世界会議が開かれ、続く１９８８年には、気候変動に関する政府間パネル（ＩＰＣＣ）第１回会合が行われている。ＩＰＣＣとは各国の政府から推薦された科学者たちが集まり、地球温暖化に関

する科学的、技術的かつ社会科学的な評価を行う組織であり、その成果を政策決定者や一般に広く利用してもらうことを目的として国連環境計画（UNEP）と世界気象機関（WMO）が共同で設立したものだ。

最高意思決定機関である総会の下に、3つの作業部会と温室効果ガス目録に関するタスクフォースから構成される。

IPCCは、1990年以降3回にわたって地球温暖化の予測・影響・対策などに関する評価報告書を公表しており、2007年11月のスペイン・バレンシアで開催された総会では、第4次報告書（TR4）が採択された。TR4には130カ国以上の約450名の代表的執筆者と800名を超える執筆協力者、2500名を超える専門家が関わっている。

TR4の公表に先立ち、2007年の2月には第1作業部会が「温暖化に関する科学的根拠」の報告書を、4月に第2作業部会が「温暖化の影響および適応策」の報告書を、そして5月には第3作業部会が「影響の緩和策」の報告書をそれぞれ取りまとめている。

このうち第1作業部会の報告書は、地球の気候システムに温暖化が起きていることを科学的事実として断定し、「地球の平均気温は、過去100年間で0・74度上昇しており、そのうち直近50年間の上昇傾向は、過去100年間のそれのほぼ2倍」としている。

これまで地球温暖化をめぐり、さまざまな意見が出され、議論が交わされてきた。当初は本当に地球は温暖化しているのか、という議論が続いていた。近年、温暖化していることはほぼコンセンサスになっていたが、なお原因について異論を唱える科学者もいた。たとえば「地球は過去から温暖化と寒冷化を繰り返しており、今回の温暖化もそうした循環の一局面ではないか」という見解だ。

しかし今回、第１作業部会は地球温暖化の原因について「人為的な温室効果ガスである確率が90％」ときっぱりといい切っている。そしてＩＰＣＣは「大気中の二酸化炭素濃度は毎年１９９ｐｐｍずつ上昇しており、このまま上昇が続けば、２１００年には６００ｐｐｍ以上になる」とし、「気温は１９９０年と比較して４度、最悪の場合は６・４度上昇する」と具体的に予測しているのである。

また「影響について」まとめた第２作業部会の報告書は「すべての大陸とほとんどの海洋において、多くの自然環境が、地域的な気候の変化、特に気温の上昇により、今まさに影響を受けている」としている。

ちなみに、日本から報告者のとりまとめに参加した原沢英夫専門官（国立環境研究所社会環境システム研究領域長）は、今後さらに地球温暖化が進んだ場合の影響について次のように分析している（農林水産省・国際食料問題研究会（2007年5月23日）提出資料「地球温暖化がもたらす影響について」より抜粋）。

①氷雪圏への影響：氷河湖の拡大や数の増加、永久凍土地での地盤の不安定化や山岳での岩雪崩、北極・南極での生態系の変化

②水循環への影響：氷河や雪解け水が注ぐ多くの河川で流量増加と春先の流量ピークの早期化、湖沼や河川の水温上昇、地下水涵養量の減少

③陸生生物への影響：春季現象（植物の芽が開く時期、鳥の渡りや産卵行動など）の早期化、動植物の生息域の移動

④海洋生物、水生生物への影響：高緯度海洋や湖沼における藻類・プランクトン・魚群の生息域の移動と存在量の変化、河川における魚類の回遊時期の早まりと生息域の変化

⑤人間社会への影響：北半球の高緯度地域における農業・林業で耕作時期の早期化、火災・害虫による森林かく乱。ヨーロッパでの熱波による死亡、媒介生物による感染症リスクの高まり。北半球の高中緯度地域におけるアレルギー源となる花粉飛散

原沢専門官によれば、温暖化および開発によって土地が分断化され、21世紀中に多くの

生態系で復元力が追いつかなくなる可能性が高い。その際、平均気温が１・５〜２・５度以上上昇し、大気中の二酸化炭素濃度が上昇すると、生態系の変化により生物多様性と生態系からの水や食糧の提供などにマイナスの影響が生じ、また現在の植物・動物種の約20〜30％は絶滅リスクが高まるという。

南極の皇帝ペンギンの例を挙げてみよう。過去50年間で皇帝ペンギンの生息数は50％減少しているが、これは「冬場繁殖期の気温上昇→海氷範囲」と「海氷を生息域とするオキアミの減少→皇帝ペンギンのコロニーとエサ場の距離拡大→皇帝ペンギンにとってエサを見つけることが困難になる→繁殖の失敗」というメカニズムが働いたためだ。

さらに、大気中の二酸化炭素が増加することで海洋の酸性化が進むと、サンゴなど殻形成を行う生物と、それに依存する種に大きな影響が及ぶ。気候変化による海面水温の上昇は、中米のサンゴ礁により広範な白化現象と死滅をもたらし、太平洋南東部の水産資源の分布を変化させる。そうなれば、ペルーやチリ、エクアドルなどから、サバ、イワシを原料とする魚粉を約80％輸入している日本は大きな影響を受ける。

では、平均気温が１・５〜２・５度以上上昇した場合、水資源への影響はどうなるか。

今世紀半ばまでに地中海周辺や米国西部、ブラジルなど中緯度の乾燥地帯の一部で河川流量および利用可能水量が10～30％減少する。そして、逆にヨーロッパの高緯度地域とアジアの多くの地域では、河川流量と利用可能水量が10～40％増加すると予測される。

また、地球温暖化が進めば、今世紀中に氷河や積雪などに貯蔵された水が減少するため、これらの利用可能水量も減少する。氷河や万年雪のある高山から流れ出す川の流域には世界人口の6分の1以上が住んでいる。たとえば、ヒマラヤ山脈を水源としてアジアを流れる国際河川に長江や黄河、メコン川、インダス川、ブラマプトラ川、ガンジス川などがあるが、これら河川の流量の減少による流域住民への影響が懸念される。

ＩＰＣＣは、２０５０年までに世界で10億人以上が水不足の影響を受けると予測し、またほぼすべてのヨーロッパの内陸部で突発的な洪水のリスクが高まるとしている。

食糧生産への影響も深刻な事態が予想される。ＩＰＣＣは東アジアおよび東南アジアの低緯度地域、特に乾季のある熱帯地域では平均気温が1～2度上昇するだけで、作物生産性が低下し、飢餓リスクが拡大するものと予測する。

一方、中緯度から高緯度の地域では平均気温が1～3度まで上昇する間は作物によっては生産性がわずかに増加するものの、さらに気温が上がれば、作物の生産性は減少する。そして、発展途上国では二酸化炭素濃度の上昇にともない小麦生産が減少するおそれがあり、乾燥地域では今後の気候変化で農地の塩類と砂漠化がもたらされる。さらに、干ばつと火災の増加により、オーストラリア南部・東部の大部分とニュージーランド東部の一部で、2030年までに農業と林業の生産力が減少すると予想される。

ちなみに、筆者も委員として参加した農林水産省の「国際食料問題研究会」（2007年3月～7月）では、温暖化により地域別に予想される農業生産への影響として、次の指摘がなされた。

■アフリカ：多くのアフリカ諸国で農業生産が大きく減少する。なかでも農業適地、栽培可能期間、農産物生産は半乾燥地域や乾燥地域の縁に沿って縮小し、食糧の安定供給に一層の悪影響を与え、栄養失調を悪化させる。天水に依存する農業を展開する国の収穫量は2020年までに50％程度減少する可能性がある。大きな湖では、水温上昇によって漁業資源が減少する。

■アジア：穀物生産量は21世紀半ばまでに、東アジアおよび東南アジアにおいて最大20％増加する可能性がある。一方、中央アジアや南アジアでは、最大30％減少する可能性がある。今後の人口増加と都市化を考慮すると、いくつかの途上国では飢餓のリスクが非常に高くなる。

■オーストラリア、ニュージーランド：オーストラリア南部および東部、ニュージーランド北部および東部の一部では、２０３０年までに水資源が悪化する。またオーストラリア南部および東部の大部分とニュージーランド東部の一部では、干ばつと山火事が増加すると見られ、２０３０年までに農業、林業の生産が減少する。

■ヨーロッパ：南ヨーロッパでは、すでに気候変動に脆弱となっている地域で、高温、干ばつが悪化し、農業生産が減少する。中央ヨーロッパおよび東ヨーロッパでは、夏の降水量が減少することから、水ストレスが高くなる。一方、北ヨーロッパでは、気候変動により農作物生産量が増加する。

■ラテンアメリカ：より乾燥した地域では、農地の塩類化と砂漠化が拡大する。大豆、トウモロコシ、小麦などの重要な農作物の生産が減少することに加え、家畜生産も減少する。一方、温帯地域において大豆生産は増加する。

■北アメリカ：天水に依存した農業における農産物生産量は、5～20％増加するものの、地域間でバラツキが生じる。特に、生育温度の限界に近いところの作物の生産が減少するとともに、高度に利用されている水資源が減少する。また、西部山岳地帯における温暖化は、雪塊氷原の減少、冬季洪水の増加や夏季流量の減少をもたらし、水資源をめぐる競争を激化させる。

これら忌まわしい予想をもたらす地球温暖化という現象については、本来であれば数千年、数万年かかる緩やかな変化を人類の経済活動により、わずか100〜200年で変化させてしまったための大変動と認識することが必要だ。

自然の変動による異常気象は30〜50年に一度というように発生の間隔が長いが、人間の活動による気象の変化の場合、原因が年々蓄積されていくため、発生する間隔は加速的に短くなっていく。問題はこの急激な気候変動が引き起こす状況、たとえば水資源の確保、食糧生産、病気などに人間が十分に適応しきれていないことにある。

量的変化が質的変化をもたらすポイントを閾値《いきち》あるいは臨界点と呼ぶが、温暖化に関しては平均気温1・5〜2・5度の間をとって、平均気温2度が臨界点といえる。それを超えれば、事態は大変なことになる。

地球温暖化がさらなる温暖化を招き、それがさらなる温暖化を招く絶望的な連鎖反応、いわゆる「温暖化の暴走」という恐ろしい事態が起きるのである。いったんそうなれば、事態は不可逆的なものとなり、人類の力では制御不能となってしまう。そのような結末だけは、どうしても避けなければならない。

　気候変動がもたらす恐るべき事態を指摘するものとして、２００６年10月、イギリスで発表されたレポートがある。前世界銀行上級副総裁のニコラス・スターン博士が提出した「気候変動の経済学（The Economics of Climate Change）」、通称「スターン・レヴュー」だ。このレポートの特徴は無作為、すなわち地球温暖化に代表される気候変動をこのまま放置した場合のリスクと事前に対策を講じた場合のリスクを比較して提示していることにある。われわれが無作為でいれば、二酸化炭素濃度は50年以内に７５０ｐｐｍを超え、地球全体の気温は臨界点を2度以上オーバーすることになり、その結果、洪水、飢餓、難民が大量に発生し、多くの動植物の種が絶滅に至る、と警告している。

宮沢賢治「グスコーブドリの伝記」にみる先見性

　二酸化炭素（炭酸ガス）が増えれば地球が温暖化することをいち早く見抜いていたのが「雨ニモマケズ　風ニモマケズ」の詩で知られる宮沢賢治だ。賢治は自然豊かな郷土をこよなく愛し、故郷の岩手を「イーハトーヴ」と名づけた。

　筆者は２００７年８月、地元新聞社の岩手日報社が主催する講演会のため花巻市を訪れた際、賢治の童話に冷害に苦しむ岩手、イーハトーヴを救うため炭酸ガスを増やすことを考える話があったことをふと思い出したのだが、どの童話のエピソードだったかが出てこない。地球温暖化が話題になるなか、そのことがずっと気にかかっていた。東京に戻り、さっそく書店で宮沢賢治の作品を当たっているうちに見つけた。岩波文庫の『童話集　風の又三郎』の「グスコーブドリの伝記」だ。そこでは、冷害に苦しむイーハトーヴの姿が描かれている。若干長くなるが紹介してみよう。

「ところがどういうわけですか、その年は、お日さまが春から変に白くて、いつもなら雪がとけるとまもなく、まっしろな花をつけるこぶしの木もまるで咲かず、五月になってもたびたび霙《みぞれ》がぐしゃぐしゃ降り、七月の末になってもいっこう暑さが来ないために、去年播《ま》いた麦も粒の入らない白い穂しかできず、たいていの果物《くだもの》も、花が咲いただけで落ちてしまったのでした。

そしてとうとう秋になりましたが、やっぱり栗《くり》の木は青いからのいがばかりでしたし、みんなでふだんたべるいちばんたいせつなオリザという穀物も、一つぶもできませんでした。野原ではもうひどいさわぎになってしまいました。」

文章中でオリザとあるのは、稲の学名Oryza sativaからとったものと思われるが、このあたりからも賢治の学識の深さが窺える。

話は核心に迫る。不気味に迫る冷害の足音を敏感に感じたイーハトーヴ火山局技師のグスコーブドリは幾晩も考えた末、クーボー大博士を訪れ次のようにたずねる。以下、2人の会話が続く。

「先生、気層のなかに炭酸ガスがふえて来れば暖かくなるのですか。」

「それはなるだろう。地球ができてからいままでの気温は、たいてい空気中の炭酸ガスの量できまっていたと言われるくらいだからね。」

「カルボナード火山島が、いま爆発したら、この気候を変えるくらいの炭酸ガスを噴《ふ》くでしょうか。」

「それは僕も計算した。あれがいま爆発すれば、ガスはすぐ大循環の上層の風にまじって地球ぜんたいを包むだろう。そして下層の空気や地表からの熱の放散を防ぎ、地球全体を平均で五度ぐらい暖かくするだろうと思う。」

「先生、あれを今すぐ噴かせられないでしょうか。」

「それはできるだろう。けれども、その仕事に行ったもののうち、最後の一人はどうしても逃げられないのでね。」

「先生、私にそれをやらしてください。……」


グスコーブドリが一人、島に残った次の日、イーハトーヴの人たちは青空が緑色に濁り、日や月が銅《あかがね》色になったのを見る。そして、それから3、4日たつと、気候がぐんぐん暖かくなってきて、その秋はほぼ普通の作柄になった。

改めて賢治の作品を読み直してみて、半世紀以上も前に二酸化炭素と地球温暖化の関係に気づいていた先見性に脱帽した。

地球温暖化による異常気象で、干ばつが増加

地球温暖化が指摘されるなか、世界の主要穀物産地で干ばつ、多雨、洪水、台風・ハリケーンの頻発など異常気象が見られるようになった。これらの異常気象については「エルニーニョ現象」や「ラニーニャ現象」との関連性が指摘されることが多い。

エルニーニョ現象というのは、南米ペルー沖から太平洋中部赤道海域にかけての海面水温が半年から1年半にわたって平年に比べて1~5度上昇する現象であり、この逆のケースがラニーニャ現象だ。ペルー沖の気圧は、通常インドネシア付近の気圧より高いため、南太平洋では貿易風と呼ばれる風が東から西へ吹いている。この影響で、東南アジアの温水海域では上昇気流により積乱雲が発生して雨がもたらされる一方、ペルー側は乾燥した気候となる。

エルニーニョ現象が発生すると貿易風が弱まったり、向きが逆転したりして、温水域がペルー側へ広がり、積乱雲の発生域も東側に移る。その結果、世界的な気象パターンに狂いが生じる。この現象が発生すると、海面水温、偏西風、降水分布が平年から大きくずれ、世界的規模で異常気象がもたらされるのである。

近年では、1999年から翌年に20世紀最大規模のエルニーニョ現象が発生し、世界中で農産物の被害が発生した。中国では東北部の干ばつにより、トウモロコシ生産が前年比で2割近く減少した。インドネシアも干ばつによりコメ生産が落ち込み、おりしも通貨危機にともなう経済混乱が加わってコメ価格の高騰、さらには地方都市でのコメ流通商人への焼き討ちという事態にまで発展した。インドやオーストラリア、南アフリカも干ばつの害を被っている。

エルニーニョ現象の翌年には異常気象が発生し、穀物市況が高騰しやすい。特にここ２～３年は、世界的な高温乾燥天候が常態化して、穀物市況の波乱要因となっている。シカゴの穀物市場では、例年４月から「世界のパンかご」と呼ばれる米中西部コーンベルト地帯でトウモロコシや大豆の作付がスタートし、９～10月の収穫期までが天候相場となる。この間、マーケットの関係者は、世界のトウモロコシ生産の約40%、大豆の約35%を占める米国の作柄の変化に一喜一憂すると同時に、カナダ、オーストラリア、中国、欧州、旧ソ連圏の天候にも神経を尖らせる。10月に入ると、ブラジル、アルゼンチンなど南米諸国で作付が始まる。特に南米の大豆生産は、１９９０年代後半に入ってから急増し、現在ではすでに米国を凌ぎ、世界の４割以上を占める。このことは、必ずしも世界の大豆の安定供給にはつながらない。世界の穀物市場が北半球と南半球で交互に天候相場期を迎え、年間を通じて世界の穀物市場が天候相場期にあることを意味するからだ。このため、市場関係者はいよいよ異常気象から目が離せなくなっている。

こうしたなか、懸念されるのは近年の異常気象の頻発だ。１９７０年代以降の米国を中心に世界の主な異常気象と穀物市場の動向を見ていくと、次のことが分かる。

①エルニーニョ現象やラニーニャ現象と、米国での干ばつをはじめとした世界の異常気象との関連性が強い
②1970年代まで4~5年に1度だったエルニーニョ現象やラニーニャ現象が、1980年代以降は頻発するようになった

図表6は1970年代からの異常気象の発生と穀物市場の動向の関係を示したものだ。米中西部では、「エルニーニョ現象やラニーニャ現象の翌年に干ばつが発生→穀物生産が減少→穀物相場高騰」といったパターンが読み取れる。

近年では2002年にエルニーニョ現象が発生して、北半球を中心に異常気象が多発した。米中西部、カナダ、オーストラリア、インドネシア、インドは干ばつの被害を受け、欧州ではドイツ東部やチェコが洪水に襲われ、9月にはフランス南部が集中豪雨に見舞われ、農産物が甚大な被害を受けた。

主要な小麦生産国が深刻な干ばつに見舞われたが、なかでもオーストラリアでは前年の2490万トンから1710万トンへ62%という大幅な減産となった。カナダは21%の減産となり、米国のトウモロコシ生産は2・26億トンと前年比で7%弱減少したが、これは

図表６　世界の主な異常気象と穀物市場

（●エルニーニョ現象発生、○ラニーニャ現象発生）

年	米国	その他世界	穀物市場の動向
1970		○	
1971			
1972		● 大干ばつ（ソ連・インド・中国）	ソ連大凶作
1973			シカゴ大豆12.9ドル史上最高値
1974	中西部干ばつ		
1975		○ 干ばつ（ソ連）	ソ連大凶作
1976	中西部干ばつ	●	シカゴ穀物急騰
1977			
1978		干ばつ（中国）	米国・対ソ穀物禁輸
1979			
1980	南部熱波・干ばつ セントヘレンズ火山噴火		米国穀物大減産
1981		干ばつ（ソ連）	ソ連大凶作
1982		● 史上最大のエルニーニョ メキシコ・エルチチョン火山噴火	
1983	中西部熱波・大干ばつ		米国穀物大減産・相場急騰
1984		○	
1985			
1986		●	
1987			
1988	中西部今世紀最大の干ばつ	○	米国穀物大減産・相場急騰
1989			
1990			
1991		●	
1992			
1993	ミシシッピ川大洪水	●	米国穀物大減産・相場急騰
1994			米国穀物史上最高の豊作
1995	長雨	豪州、中国、南アなどの干ばつ	
1996		○	米国穀物大減産・相場急騰
1997		●史上最大のエルニーニョ	東南アジア干ばつ
1998			
1999	米国東部干ばつ	○	
2000	105年来の暖冬、干ばつ	○	米国で高温乾燥懸念
2001	ミシシッピ川洪水	●	
2002	北米大干ばつ	●エルニーニョ発生	
2003		旧ソ連、東欧、欧州熱波	大豆10ドル台に急騰
2004	世界的な高温	日本への台風本土上陸新記録10個	
2005	中西部（イリノイ）干ばつ ハリケーン襲来頻発	ミシシッピ河口港湾機能停止	穀物価格下落
2006	北半球・南半球同時干ばつ	●エルニーニョ発生	
2007		○ 干ばつ（豪州）	穀物価格高騰

（出所）筆者作成

1995年以来の低水準だった。

異常気象の被害は、アジアにも広がった。インドは120年ぶりの干ばつに見舞われ、コメ生産は1990年代前半のレベルまで落ち込んだ。ベトナムでは2002年に北部紅河デルタ地帯で洪水が発生、中部・北部地方は深刻な干ばつに見舞われ、多くの貯水池が干上がった。日本には早くも7月に台風が接近し、中国では南部の洪水で1500人以上が死亡した。また、各地の暖冬、干ばつに加えて病害虫の発生により、小麦生産が3年連続で減少し、14年ぶりに9000トンを下回った。

世界的な高温は2003年も続き、6〜8月にかけて広くユーラシア大陸や北半球が異常気象に見舞われた。欧州では6月以降、広い範囲で高温が続き、8月に入ると高温は一段と顕著となる。フランスでは最高気温が40度を超え、5000人以上が熱中症で死亡、イギリスやドイツでも最高気温が平年を8度近く上回り、38度を記録している。ポルトガル、ロシア東部、フランス南部では大規模な森林火災が発生し、クロアチアを流れる主要な河川は100年来の低水位となった。アフガニスタンでは史上最悪の砂嵐が発生し、インド大陸やアフリカ東部では洪水被害があった。米国では、8月に高温乾燥天候が続いた。日本も東北、北海道を中心に、10年ぶりの冷夏・多雨となった。

図表７　2002年の異常気象と農産物への影響

国・地域	異常気象	影響（米農務省８／12報告）
バングラデシュ	洪水（７月）	米生産減少
インド南西部	87年以来の大干ばつ	夏作米生産▲1,000万トン
パキスタン	干ばつ	米生産減少
北朝鮮	豪雨・洪水（８月）	農作物に深刻な被害
米国中西部	高温・乾燥（７～８月）	トウモロコシ（前年比▲７%） 小麦（▲14%）、大豆（▲９%） 小麦は30年ぶりの不作
カナダ西部	深刻な干ばつ	小麦生産が７月比▲500万トン下方修正 小麦輸出市場から事実上撤退 （前年度輸出1620万トン）
アメリカ	熱波（北部）、洪水（南部）	小麦生産8,780万トンで前年比▲608万トン ただし、トウモロコシ、大豆は増産
オーストラリア	深刻な干ばつ	小麦生産高1,710万トン、前年比▲686万トン予想
インドネシア	干ばつ	—
ブラジル	干ばつ（３月以降）	９、10月も降雨が少なければコーヒーに影響
欧州（フランス南部、ドイツ東部、チェコ）	洪水	ナタネ減産

（資料）新聞各紙、その他より作成

では、２００４〜２００７年はどうか。２００５年はエルニーニョ現象もラニーニャ現象も観測されていないにもかかわらず、米国、南欧、オーストラリア東部、北アフリカ、アルゼンチンなど世界の主要穀物産地で高温乾燥天候となった。特に、米中西部コーンベルト地帯ではイリノイ州、ウィスコンシン州など東部で年初より深刻な乾燥天候が続いている。スペイン、ポルトガルは60年来の干ばつに見舞われ、高温乾燥天候はフランス南部にも広がり始めている。スペインの農水食糧省によると、２００５年の小麦や大麦の生産は前年比で半減、トウモロコシも15％の減産となった。２００６年のオーストラリアも、最大の小麦生産地帯のニューサウスウェールズ州が干ばつで、小麦が前年比６割の減産となった。

米国ワシントンDCにあるワールドウォッチ研究所のレスター・ブラウン所長（現アースポリシー研究所所長）は、その著書『フード・セキュリティー　誰が世界を養うのか』（ワールドウォッチジャパン）でフィリピンの国際稲研究所（ＩＲＲＩ）の調査結果を紹介している。それによると、調査地の年間平均気温は１９７９年から２００３年にかけて０・75度上昇しているという。

また、試験水田の１９９２〜２００３年の収穫データによる分析で「生育期間の気温が

1度上がるごとにコメの収量が約10％減少する」という結果が得られた、としている。これはコメに限らず、大豆、トウモロコシ、小麦などの穀物で作物生態学の経験則（「気温が1度上がると収量が10％減少する」）を実証するものだ。高温乾燥天候下の作物は水分の蒸散を抑えるため、葉をきつく巻く習性があり、その結果、光合成が低下し、生育が止ってしまうためである。

北朝鮮の政治体制を揺るがしかねない干ばつと大洪水

洪水や干ばつは、ときには一国の政治体制を揺るがす。たとえば北朝鮮のケースだ。

米ＣＩＡ（中央情報局）は１９９９年2月の上院軍事委員会で、北朝鮮情勢について「食糧危機の深刻化や軍規の緩みから、政治体制はますます不安定かつ予測しがたくなっている」と報告している。金正日総書記の「人民は餓死させても軍隊は維持する」といわんばかりの政策に対し、民衆の不満が高まっているのだ。

北朝鮮は１９９０年代後半から国際機関などに対し、いくつかの基本統計を明らかにするようになっているが、それによれば、同国のＧＤＰ（国内総生産）は１９９２年の２０８億ドルから１９９６年には１０５億ドルと半減している。とりわけ農業生産の落ち込みは著しく、3分の1にまで縮小してしまった。1997年以降は干ばつの影響などで食糧生産が打撃を受けたほか、電力や原料不足で多くの工場が操業停止に陥るなど経済活動は悪化の一途をたどっている。

食糧事情はきわめて深刻だ。同国は1995年夏に大洪水の被害を受けて以来、食糧の配給が滞るようになっている。FAO（国連食糧農業機関）の調査によれば、1997年末時点では、成人労働者1日当たり400グラムだった配給がその翌年の3月以降中断しているという。国民は親戚や闇市などを通じて食糧の確保に努めているようだが、価格高騰もあって不足分を補うのが難しく、日本のメディアがしばしば報じるように多くの国民が慢性的な栄養失調状態にあり、餓死者も多いと見られる。北朝鮮の人口は1995年時点で推定2250万人とされていたが、その後、300万人以上が餓死したともいわれる。

北朝鮮政府は友好国・中国の支援に加え、西側諸国や国連機関などに食糧支援を要請、これを受け、米国、韓国、日本などが毎年100万トン弱のコメを支援してきた。同国は、通常であればコメ、トウモロコシを中心に年間700万トンの食糧が必要とされる。どんなに消費を切りつめても、毎年最低500万トンの食糧は必要となるはずだ。しかし、食糧生産は1990年代の初めに500万トン台に落ち込み、1995年とその翌年には、

２年連続の洪水のため３００万トン以下にまで落ち込んでしまった。その後も食糧生産は３００万トン程度にとどまっていることから、毎年２００万トンの食糧が絶対的に不足しているはずであり、これを支援や商業輸入でなんとか工面しなければならない。

北朝鮮の食糧生産が極度に悪化した原因として、もともと農業に厳しい自然条件のなかで食糧自給を達成するため、トウモロコシの栽培に過度に依存したことがある。しかも、密植栽倍や山間地の斜面を開墾するといった無理な増産計画を進めた。段々畑を作れば、土砂が崩れやすくなり、流失した土砂で川底が上がるため、わずかな雨でも洪水が起こりやすくなる。逆に、日照り続きのときは干ばつになりやすい。

このように天候に左右されやすい食糧生産条件があるところに、ひとたび工業生産が落ち込めば、たちまち農業機械や肥料、農薬、燃料が不足する。同国は「食糧生産減少↓工業生産減少↓食糧生産のさらなる減少」という悪循環に陥ったものと思われる。飢餓のなか、食糧の大半を軍隊に回している現在の政治体制は、もはや物心両面から維持していくことは不可能といえるだろう。今後、深刻化する地球温暖化は食糧生産へのダメージということを通じて、北朝鮮の政治体制を一気に突き崩す可能性さえある。

黄河が干上がった中国の水不足

北朝鮮のお隣の中国でも、干ばつや洪水は悩ましい問題となっている。特に2000年には揚子江（長江）以北の広い地域が1978年以来の厳しい干ばつに見舞われ、1800万人の住民と1500万頭の家畜が影響を受けた。その結果、1999年に5億トンを上回った中国の食糧生産は、2000年には4億6000万トンへ約1割減少した。

干ばつの被害ばかりではなく、当時は、食糧価格の引き下げなどの政策介入により、作付面積が減少し、生産が落ち込み、事態が深刻化した面がある。

当時の「人民日報」によれば、2000年の春先より中国東北部で干ばつが発生、8月には作物被害面積は小麦を中心に約1800万ヘクタールに達した、というが、これは日本の農地面積の約4倍に相当する。洪水が川の流域に沿った「線の被害」であるのに対して、干ばつは「面の被害」であり、その影響は比べものにならないほど大きい。

これらを背景に、中国政府は農業政策の柱に節水を据えざるを得なくなった。

中国には「十年九干（10年のうち9年は干ばつ）」という言葉がある。中国の河川の約8割は南部に集中しているのだが、耕地は6割以上が中部から北部にかけて広がっている。このため灌漑整備が不可欠となる。しかし、灌漑という方法は2期作や3期作を可能にすることで生産性を飛躍的に高めはするものの、同時に塩害をももたらす〝諸刃の剣〟でもある。乾燥した天候のもとでは、土壌の上層部から水が蒸発してしまうと作物の根の張っている地層に塩類が残ってしまうのだ。塩害が深刻化すれば耕作放棄につながる。

一方、経済的な面からいえば、急速な工業化と都市化にともない、工業用水や生活用水の需要が急増し、農業用水の需要と競合するようになっている。

中国で水不足が顕在化したのは１９６０年代、華北平原においてだった。河川の上流に多くの農業用ダムを建設したため、中下流への流量が激減して、天津市が深刻な水不足に陥ったのだ。

１９８０年代には黄河中下流でも水不足が発生するようになり、１９９０年代に入ると、さらなるひろがりを見せる。ついには、中国を代表する大河・黄河が干上がってしまう現象、いわゆる「黄河断流」が発生する。

断流の日数は１９９２年の83日から１９９５年は１２２日、１９９７年は１６９日と長期化していき、また河口からの断流距離も１９８０年代の１７９キロメートルから１９９７年には７００キロメートルまで延びた。黄河断流は〝井戸枯れ〟という形で直接、農業生産に影響を及ぼすのである。

図表8　黄河断流の状況

年	年間断流日数	断流距離
1970年代	9日	135km
1980年代	11日	179km
1990年代	——	300km
1992	83日	——
1993	50日以上	——
1994	50日以上	600～700km
1995	122日	600～700km
1996	136日	600～700km
1997	169日	700km

(出所)小島麗逸著「中国の水不足問題」
「日中経協ジャーナル」(1999.5)

山東省など東北部の穀倉地帯を例にとると、この地域では縦横1・5メートルの用水路が地平線のかなたに続いている。ポンプで地下水を汲み上げて利用しているのだが、地下水位が毎年1～1・5メートル低下し続けているため、ポンプが届かなくなり、水路の破損が進んでいる。

また中国では、飼料需要やエタノール、コーンスターチなどの需要拡大を背景に、北方畑作地帯でトウモロコシの耕作地が拡大している。

本来、トウモロコシは救荒作物であり、コメや麦に比べると水の使用量は少なくてすむが、大量に生産されることから、それが水不足に拍車をかけている。

深刻化する中国の水問題

中国ではエネルギー、農業とともに環境の問題が持続的経済発展を遂げていくうえでの解決すべき重要課題とみなされている。なかでも、当局は水不足を重大な問題ととらえているようだ。中国国家統計局は『中国統計年鑑』２００４年版の第1章で、初めて自然環境関連の各種統計を公表しているが、その内容の多くを水資源関連の統計にさいていることからも水問題を重視していることがうかがえる。

元来中国は農業国であり、数千年来の「民以食為天（民は食糧を天と為す）」という意識が人々の間に深くしみ込んでいる。だからこそ毛沢東にしても国を治めるにあたり「手中有糧、心里不慌（食糧さえあれば何でもできる）」と謳い、食糧増産に力を入れ、飢えに対する国民の不安を払拭しようと努めたのだ。急速な経済発展を遂げている現在でも食糧問題、農業問題は重要課題であり、だからこそ同国にとって最大の懸念の1つが水不足なのである。

中国は巨大な国だ。国土は日本の26倍もあり、人口は13億を超え、世界一である。天然資源にも恵まれ、石炭、石油、天然ガス、鉄鉱石、ウラン、タングステンなどは世界有数の産出国であり、コメ、トウモロコシ、小麦、大豆などの食糧の主要生産国でもある。

ただ悩ましいのは、あまりにも人口が多いため、1人当たりで計算すると、それらの資源量は極めて少なくなってしまうことだ。典型が水だ。

中国の水需給には3つの特徴がある。その第1は、国土や人口の大きさに比べて水資源量が少ないことだ。中国科学院によると、中国の水資源は6兆1000億立方メートルだが、これは地球全体の淡水の0・017%でしかない。国土面積は世界の約7%、人口は20%を占める大国中国にとって、この数字はいかにも心細い。しかも降水量のうち水資源総量として確保しているのは2兆8053億立方メートルと半分に満たず、さらに実際に使用できる量は水資源量の5分の1の5633億立方メートルのみ。人口13億で割れば、1人当たりの水資源量は2150立方メートルとなるが、これは世界平均の7000立方メートルの3分の1程度でしかない。中国国内でも、特に水不足の傾向の強い北方地域となると8分の1以下だ。

第2の特徴は、中国内における水の総給水量が減少傾向にあることだ。総給水量の約8割は地表水で、約2割が地下水だが、特にここ数年では地表水の減少が大きい。その象徴が華北地域の黄河断流だ。これは、農業生産拡大のため上流域で行われてきた灌漑が影響している。

水が届かなくなった下流域では、地下水を大量に汲み上げて利用しているのだが、その結果、地下水位も年々低下しているのである。浅い井戸を潰して深い井戸を新設する動きが強まるなど地下水源も減りつつある。さらに沿岸地域では地下帯水層に塩水が浸入する「海水浸入」の問題も起きている。

中国における水資源の分布はかなり偏っており、全国669都市のうち400都市が水の供給不足であり、110都市が深刻な水不足の状態にあるとされる。近年の地球温暖化の影響もあり、内陸部の氷河は年々縮小しており、黄河や長江の上流域に約4000もあった湖が半減してしまうなど、水資源そのものが減りつつある。

第3に、用途別に見た水需要構造の変化が著しい点である。水需要の7割弱は農業用水である。しかし、近年の作付面積の減少もあって、農業用水は1999年の3869億立方メートルから2003年は3432億立方メートルへ11%減少している。これに対して、工業および生活用水需要は急増している。今後10年間で、工業用水・生活用水はそれぞれ約60%、年間1100億立方メートルのペースで拡大していく見通しだ。

このことは、中国においては工業化、都市化が進めば進むほど、工業部門や都市での水不足が顕在化すると同時に、農業部門においてはより増幅された形で水不足が発生する可

図表９　中国の給水総量と用途別需要

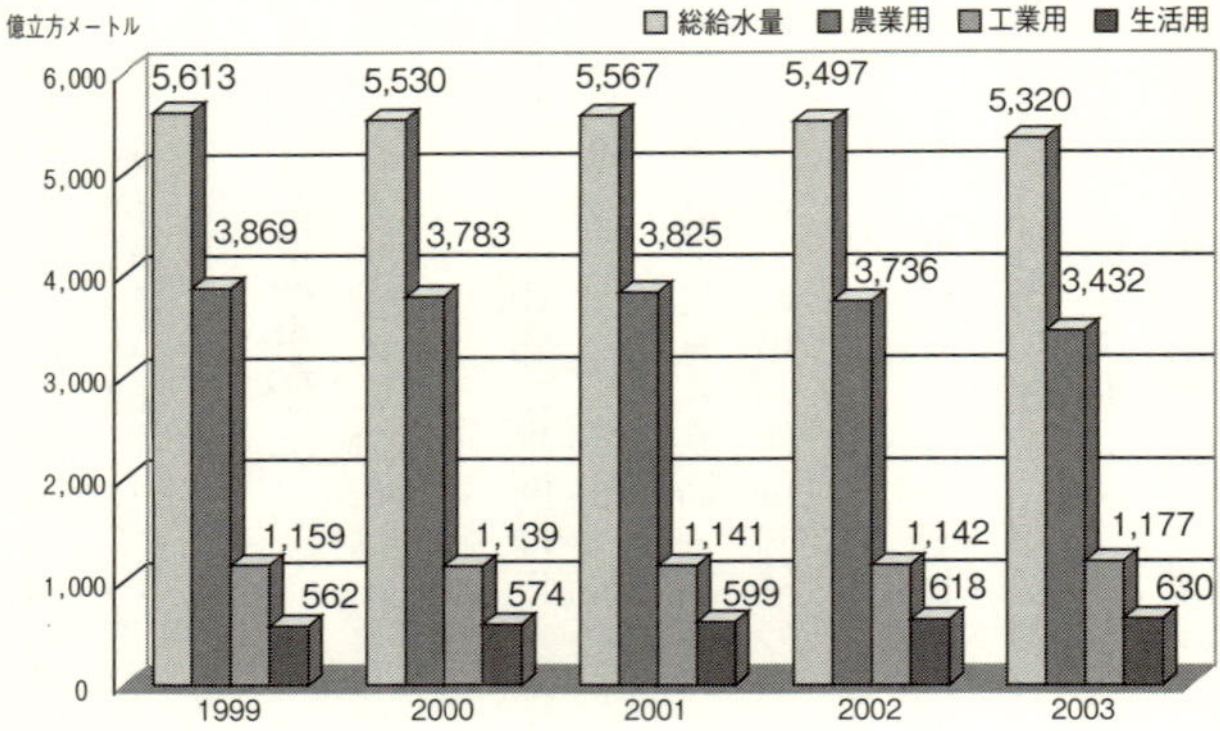

（出所）筆者作成

能性を示唆している。

　すでに兆候は現れている。中国全人代環境・資源保護委員会によれば、中国の水不足量は現在、年間約３００～４００億立方メートルであり、総給水量の１割以上になる。また水不足により、都市工業は年間２０００億元以上の損失を被り、都市人口４０００万人の生活に影響を与えているという。農業への影響となると、さらに大きい。その年の気象条件にもよるが、水不足に悩む農業用地の面積は年間１３００万～４０００万ヘクタールに達するものと見られる。

　なお、地域的に見た水資源の存在量は、おおむね降水量の分布に対応している。中国の場合、広東、福建、江西、湖南省など南部の年平均降水量が１５００ミリを超える一方、北京、河北、山東、吉林、遼寧、黒龍江省などの北部の降水量は５００ミリを下回るなど南部と北部の格差が大きい。

一般に農業生産に必要な年間降水量は７００ミリ前後とされ、食糧を１トン生産するのに１０００トンの農業用水が必要とされる。中国の食糧基地が東北部であることを考慮すれば今後、中国における水資源分布の地域的な偏りは食糧増産の大きな制約要因となりかねない。

中国政府は、水資源の開発と利用効率化の両面から対策を図ろうとしている。

水資源開発としては、たとえばダムの建設の促進がある。中国国内にはすでに約８万５０００基ものダムがあり、貯水量は４５８０億立方メートルに達している。また南の水を北へ運ぶ「南水北調プロジェクト」があり、南の揚州から天津まで運ぶ東ルートはすでに着工、一部は完成しており、地域間の需給ミスマッチには有効と見られている。このほか海水、土壌水、雨水などの水源確保も重要な課題とみなされている。もろもろのプロジェクトが進行しているが、私の見るところ、中国にとっての最重要課題は水資源利用の効率化だ。

ＧＤＰ１万ドルの生産に使用される水量は日本が２０８立方メートルだが、中国科学院

図表10　GDP1万ドル当たりの生産に使用される水量比較

国	水使用量 (m^3)	指 数 (日本を基準)
日　本	208	1.00
米　国	514	2.47
中　国	5,045	24.25

（出所）中国科学院地理科学・資源研究所

の報告によると、中国は５０４５立方メートルと日本の20倍以上も水利用効率が悪い。

製紙工場や製鉄所など大量の水を利用する工場をはじめ、水力発電なども効率化の余地が少なくない。この点、当局は水道水の価格形成メカニズムを改革し、価格による水資源の効率的配分のためのテコ入れを行う方針である。

具体的には次の２つが考えられる。

①水使用の定額管理を行い、定額を超過した場合には価格逓増システムを採用

②渇水季節や農業用水が必要な季節には、別途価格あるいは季節変動価格を検討

農業にとって水利はまさに命綱であり、そ

れなくして安定的・持続的発展はあり得ず、同時に経済発展もあり得ない。

水問題を解決するには治水、利水、水環境といったさまざまな面について矛盾する事柄を調整しなければならない。降水量はもとより河川水、地下水など自然の水をどのように保存するか、それをどのように利用するのか。こういった複雑な課題に取り組むための3本柱は治水と利水、水環境だ。それらの調和とバランスを図り、量と質の両面から水資源の効率的確保と利用を進めなければならない。

この点、中国の水管理の制度や担当者の意識の面でまだまだ改善の余地がありそうだ。筆者は２００５年に中国広東省と北京を訪れ、水問題に関する実情や関係者の意見を聴く機会があったが、広東省が抱えている課題は単なる水不足の域を超えて複雑だった。

問題点を列記すれば、

①降水量は豊富だが、4月から9月に年間降水量の8割が集中する。季節的な偏りのため利用の平準化ができない

②この結果、4月から9月に洪水が多発する一方、10月から3月には干ばつや海水の逆流、水質悪化が生じる

③1人当たり水資源量が少ないわりに、1人当たり水使用量が多く、今後10年をにらんだ

場合、絶対的な水不足に陥る可能性がある
④節水型社会形成のための水のカスケード（多段階）利用がなされていない
⑤水循環（中水利用）に関する法律、料金システムに整合性がない
⑥下水回収システム（下水管網）に不備があり、処理場の運営上の問題も多い
⑦沿海部工業地域では、すでに一部で導入されている海水淡水化プラントをさらに普及させる必要がある
⑧食品衛生、香港やマカオへの給水を前提とした水質改善の重要性が強まっている

これらの問題に対する管理体制はどうか。率直にいって「船頭多くして舟、山に登る」という言葉通り、バラバラで矛盾に満ちており、それぞれの効果を相殺し合っている、という印象を強く受けた。

都市化と水資源問題は多面的かつ広域的な課題であるにもかかわらず、省発展改革委員会によると、水資源の管理体制が主に3つの面から「多頭管理」になっているのが問題だ。第1は、同一河川流域に対する「条塊分割」管理の問題である。同一流域の水資源であれば、上流・下流、左岸・右岸、主流・支流でうまく調和させなければならないが、水量

の調整、洪水や干ばつの防止、給水と汚水処理、水質保護などに関して行政区分ごとに管理しているため、部門間の意見の不一致やトラブルが多発している。

第2は、同一地域内における「城郷分割」管理の問題である。たとえば洪水防止管理や水源管理、農業灌漑、農村洪水対策は水利部門が管理している。一方、都市の給水・排水は都市建設部門が管理する。また汚水処理は環境保全部門が担当していることもあり、都市と農村の間で洪水防止や災害対策、汚染防止などをめぐるトラブルが絶えない。

第3は、「部門分割」の問題である。水資源は機能と用途によって水利部門、都市建設部門、環境保全部門、計画部門など複数の部門によって管理されている。そのため、「水量を管理する部門は水質に関心がない」「水源を管理する部門は給水に関心がない」「給水を管理する部門は排水に関心がない」「排水を管理する部門は汚水に関心がない」「汚水を管理する部門は水の循環に関心がない」といった縦割りの弊害がある。

こうした傾向は広東省に限らず、おそらく中国全土で当てはまるのだろう。

中国では、工業化にともなって水質汚染が広がっている。国家環境保護総局によれば、２００４年に中国の7大水系（海河、遼河、淮河、黄河、松花江、長江、珠江）の４１２カ所の水質監視をした結果、60％近くが汚染されていたという。経済活動で発生した工業廃水の排出量が流域の環境容量をオーバーしているうえ、河川の流量が減っているのだ。いまや水資源の問題は、中国が持続的な経済発展を達成していくうえでの制約要因となりつつある。

近年の人口増加や経済高成長により、水資源の希少性が強まっており、都市化の進展と特定地域への産業集積が水資源の不足や水質汚染を深刻化させている。

中国では、全国の都市のうち2004年時点で下水処理施設のある都市は285でしかなく、43%にとどまっている。しかも、環境資源委員会の調査データによれば、中国全体の下水処理工場のうち正常運転をしているのはわずか3分の1で、計画上の処理能力を満たしていないものが3分の1、遊休状態にあるものが3分の1ある。

下水処理率が上がっていない理由として、主に3つの要因が挙げられる。

①下水処理工場の運営資金不足
②下水回収システム（下水管網）建設の遅れ
③設計規模が大き過ぎて、建設後の運営ができない

これらの反省をベースに、広東省がとっている水資源管理の対策は次のようなものだ。

第1に、政府の水資源に対するマクロコントロールを強化すること。

具体的には、

①省全体の水資源総合計画を作成する
②省全体の水資源保護と水汚染総合防止計画を作る
③省全体の水の中長期供給計画を修正する

第2が、水資源の管理体制の改革だ。簡素化・統一・高効率を原則として新たな「水資源管理機構」を創設し、政府の管理機能を改革する。

具体的には、水資源の流域管理を強化することだ。総合計画、統一配分、協同管理、統一監督の流域管理体制を作り、北江、東江、韓江の流域管理機構を創設する。流域管理機構が、ある程度の自主管理権を持つ行政管理機構であることを明確にする。流域管理機構に、流域の水量の統一配分や水質汚染防止といった明確な管理職能とさらなる管理権を持たせる。

第3が、地域内における都市と農村の水業務、給水・排水の一元化だ。そのために政府の水資源に対する管理機能を改革する。政府は給水などの経営分野から退き、水の権利に対する管理を強化し、水汚染防止に有効な措置をとる。

第4は、政府によるマクロコントロールのもとでの水の市場メカニズムをつくることだ。そのためには、給水・排水・汚水処理などの分野への投資を、外資を含め、民間に開放するべきであろう。

第3章　巨大な利権とビジネスが動かす水

水問題への世界的な取り組みが始まった

水問題に関する国際的な取り組みは、2000年以降本格化してきた。その皮切りが、2000年の国連サミットだ。これは、世界のさまざまな問題に関して2015年に向けたミレニアム開発目標を掲げたことで注目された。具体的には次のような目標だ。

①1日1ドル未満で生活する人の割合を半減する
②飢餓に苦しむ人の割合を半減する
③安全な飲料水を得る機会のない人を半減する
④すべての児童が、男女の区別なく初等教育課程を確実に修了できるようにする
⑤妊産婦死亡率を75％減、5歳児死亡率を3分の1に削減できるようにする
⑥HIV／エイズ、マラリア、その他の主要疾患の蔓延を食い止める
⑦HIV／エイズにかかった児童に対する特別支援を行う

このうち水に関する目標は、③の「安全な飲料水を得る機会のない人を半減する」だが、そもそも人間はふだんの生活にどれくらいの水を使っているのか。世界平均の1人1日当たりの生活用水使用量は約170リットルとされるが、量は国によって大きく異なり、米

国では約５００リットル、日本は約２３０リットル、中国やタイでは約50リットルだ。このうち人間が1日に飲む水の量はせいぜい2～3リットルに過ぎない。水不足の問題というとつい飲み水ばかりに注目しがちだが、先進国では炊事や風呂、洗濯、水洗トイレなどに使う生活用水として飲料用の数十倍～数百倍もの量の水を使っており、その一方で、開発途上国のなかには最低限の飲み水すら得る機会のない人々が数多くいるのである。

「安全な飲料水を得る」という目標を達成するため、２０００年3月のハーグ閣僚宣言で行動の根拠となる以下の11の課題が採択された。

①基本的ニーズの充足――安全で十分な上下水道の整備
②食糧供給の確保――特に無防備な貧困層に対し、水利用の改善による実現
③生態系の保護――持続可能な水資源管理を通じた保全の確保
④水資源の分配――持続可能な流域管理のような取り組みを通して、さまざまな利用目的間および関係国間の平和的な連携の推進
⑤リスク管理――水に関するさまざまなリスクに対する安全の確保
⑥水の多面性の認識および価値評価――水の持つさまざまな価値（経済、社会、環境、文化）を考慮した管理ならびに無防備な貧困層の需要および公平性を考慮しつつ、供給費

用を回収するための価格化の推進
⑦賢明な水管理——一般の人々とすべての利害関係者の参加
⑧水と工業——水質およびほかの利用者の需要を考慮した、クリーンな工業の促進
⑨水とエネルギー——増加するエネルギー需要に対応するため、エネルギー生産における水の主要な役割の評価
⑩知識ベースの確立——水に関する知識をさらに一般的に利用できるようにすること
⑪水と都市——加速度的に都市化が進む世界の特徴的な課題の認識

課題のうち、とりわけ注目すべきなのが⑥の「水の多面性の認識および価値評価」だろう。というのは、この考え方の背後に利用者負担の政策の必要性が見え隠れするからだ。

水道料金には国ごとにかなりの幅がある。最も高いドイツの料金は、最も安いカナダの料金の5倍と先進国の間でも大きな差がある。ちなみに、2005年の段階で1トン(＝1立方メートル)当たりの水道料金はドイツで1・91ドル、英国1・18ドル、米国0・51ドル、カナダ0・40ドルである。日本では地域によって異なるが、東京都だと使用量に応じて200〜400円くらいだから、ドルに換算すると2ドル〜4ドル強というところで

ある。

北米や欧州の水道料金は、それを供給するための設備も含め、費用を完全に回収できる価格として設定されることが多い。これはいわば、水を〝商品の1つ〟として取り扱うということである。これに対し、低所得国ではそうではなく、水の供給および灌漑用水、いずれの場合も運転経費のみに基づいて設定されていることが多い。水の使用は歴史風土のなかで昔から行われてきたもので、その安定供給は国家としての務めとの考え方によるものだ。

しかも、水料金を安くせざるを得ない背景として、途上国における農産物の市場価格の低さということがある。また作物によっても価格差があり、ものによっては上水道はじめ灌漑用水費用の回収ができないという事情がある。

地球の水を商品化する巨大企業

21世紀に入り、世界中で水をめぐる問題が加速度的に深刻化すると、国連などの国際機関による本格的な水問題への取り組みが進むと同時に、水関連のビジネスが急拡大している。特に欧米では、官民一体となった「水関連ビジネス」という潮流が起きつつある。いまや世界の水資源はエネルギーや金属、食糧にも増して資源化しているともいえるのだ。

ひと口に水関連ビジネスといっても、実にさまざまだ。ざっと挙げただけで、飲料水(容器に入れたミネラルウォーター)、上水道事業、水処理(中水)事業、水浄化プラント、海水淡水化事業、超純水、水関連ファンドとその裾野は広い。

たとえば、容器入りのミネラルウォーター(天然水)は、すでに世界中で流通するようになっている。

日本ミネラルウォーター協会によると、現在、日本では国産品が約600種、輸入品約200種、合計約800種類のミネラルウォーターが販売されている。1986年に8万キロリットルだったミネラルウォーターの国内生産と輸入を合わせた数量は2006年には235万キロリットルとおよそ29倍にまで増大した。市場規模も2006年で1860億円となり、1986年の83億円から、この20年間で22倍に拡大したことになる。

かつて日本人の間にあった、「水にお金を出すなんて」といった感覚はいまやすっかりなくなったようで、ペットボトルを持ち歩く人もよく見かける。それでも欧米と比較すれば、日本人1人当たりの消費量はまだ少ない。ちなみに1人当たりの年間ミネラルウォーターの消費量は2005年現在、日本が14・4リットルだが、これに対し、米国は80・6

リットルとなり、フランスやドイツ、イタリアなどは１２０〜１７０リットルと日本より大量に消費している。逆にいえば、日本のミネラルウォーター市場の潜在的な成長力はそれだけ大きいということになり、日本ミネラルウォーター協会は、３年後に市場規模は４０００億円に達すると見ている。

ちなみに天然水とは、地中にしみ込んだ雨水が地層中で汚れやゴミがろ過され、代わりにカルシウムやマグネシウムなどのミネラル（鉱物成分）を吸収したものをいうが、ややこしいのは「ミネラルウォーター」というとき、日本とヨーロッパで定義が異なることだ。日本には１９９０年に農林水産省が作成した「ミネラルウォーター類の品質表示ガイドライン」があるが、ここで容器入りの水を４種類に分類している。

①ナチュラルウォーター（特定の水源から汲み上げた地下水を源水として、沈澱、ろ過、加熱殺菌以外の化学的処理を行っていない水）

②ナチュラル・ミネラル・ウォーター（ナチュラルウォーターのうち、地下にある無機塩類が含まれる水を源水とした水）

③ミネラルウォーター（ナチュラル・ミネラル・ウォーターを源水とし、品質を安定させるためにミネラルの調整や、複数の源水をブレンドしている水）

④ボトルド・ウォーター（水道水を含め、飲料可能な水を容器に入れた水）

ヨーロッパでミネラルウォーターといえば、ナチュラル・ミネラル・ウォーターを指す。国際的な食品表示・規格の作成などを行っているコーデックス委員会が、除菌とか殺菌の処理をしていない水をナチュラル・ミネラル・ウォーターと定義しているためだ。ヨーロッパに多いマグネシウムやカルシウムが多く含まれる硬水は、殺菌のために加熱すると性質が変わってしまう。そのため、ヨーロッパには「水には物理的処理をしてはならない」という考え方があり、地下から汲み上げたままの水こそナチュラルな良い水とみなされる。

これに対して国土の狭い日本の場合、雨水が地層に浸透する時間が短いことから、地下水のほとんどはミネラル成分の少ない軟水で、それらは加熱してもあまり性質が変わらない。また日本の消費者も衛生面で神経質なところもあり、加熱殺菌した水を容器に入れて販売するようになった。こうした事情から日本で採水・生産されたミネラルウォーターは加熱やろ過などで除菌・殺菌処理しなければ販売できないことになり、海外から輸入されたミネラルウォーターはラベルに「ナチュラル・ミネラル・ウォーター」と表示するようになったのである。

図表11　日本のミネラルウォーターの生産量と輸入量

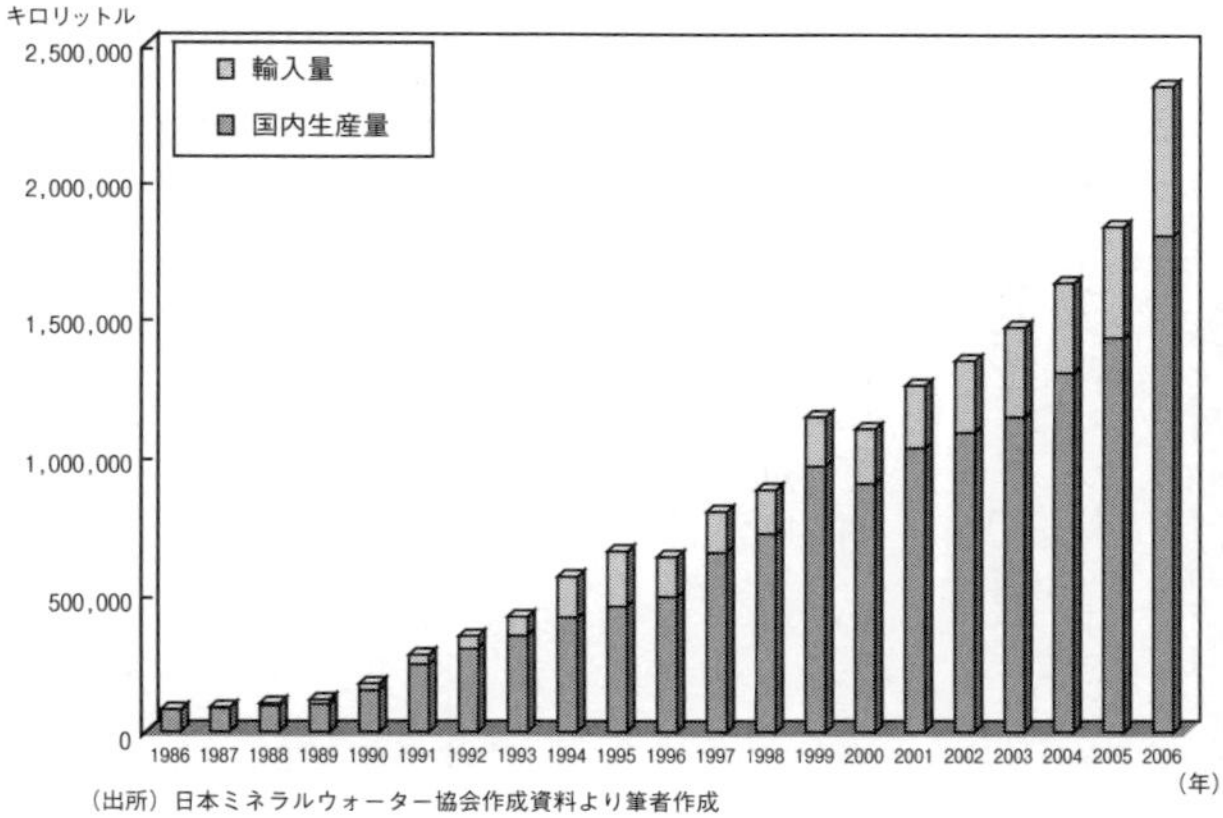

（出所）日本ミネラルウォーター協会作成資料より筆者作成

　ちなみに、さまざまな国際的な基準をめぐってヨーロッパと対立することの多い米国において、ミネラルウォーターが普及し始めたのは１９９０年代以降と比較的最近のことで、同国のラベル表示は「スプリング・ウォーター」とされている。そこからヨーロッパのコーデックス基準に対抗する米国の姿勢がうかがえるといえよう。

　世界を見渡せば、いまやミネラルウォーターの種類だけ地元の飲料メーカーの数があるといえる。

　日本でいえば、キリンビバレッジやサントリー、アサヒ飲料、ハウス食品、サッポロ飲料、伊藤園といった大手飲料水メーカーだけでなく、地場のビールや駅弁を楽しむように、ご当地の水を楽しむことができる時代だ。

思いつくままに挙げれば、鹿児島県垂水市のアルカリ性の超軟水「温泉水99」や大分県湯布院町のミネラル豊富な「ゆふいん福満水」、兵庫県神戸市の「六甲のおいしい水」、また筆者の住む栃木県那須塩原市では、家の近所にあかつきの湯という最近できた温泉があり、そこでは「あかつきの水」というボトルに詰めた天然温泉を飲用として販売している。

しかし、世界のミネラルウォーター市場はとても牧歌的とはいえない。企業の合従連衡が進んだ結果、誕生した一握りのグローバル企業が寡占化を進めているためである。具体的には、ネスレ（スイス）とペリエ（フランス）、コカ・コーラ（米国）とダノン（フランス）、そしてペプシ（米国）だ。

これら飲料水企業は先進国市場より、むしろ安全な水道水が確保できない中国やインドなどの新興国市場において著しい成長を遂げている。

世界の水市場を支配する「水男爵」

世界の水供給ビジネスの本命はミネラルウォーター市場ではなく、水道事業および海水淡水化関連事業などの淡水供給市場である。

あまり知られていない事実だが、世界には「ウォーターバロン（水男爵）」と称される圧倒的な力を持つ3社の水企業が存在する。フランスのスエズ社、ヴィヴェンディ社、およびドイツのRWE社が保有するイギリス本拠のテームズ・ウォーター社だ。

いまやこれら3社は、世界的な「水道事業の民営化」の流れを背景として世界のあらゆる地域をターゲットに水供給事業を拡大しているのである。

かつては国を問わず、水を治める者が国を治める、という感覚があったようで、上下水道事業は公的セクターが担う性格のものとみなされてきた。しかし、欧米の先進国は過去、老朽化した水関連施設の更新などの対応が財政難のため難しいという状況に直面した。そのようななか、イギリスは1980年代に当時のサッチャー首相が電力・ガスに続き、上下水道事業についても規制緩和を断行した。従来公的セクターが担ってきた分野に、民間活力を導入することによって業務の効率化を図り、かつサービスの向上を図ることを狙いとするものだ。

先進各国がこれに続いた。さらに、新興国や発展途上国でも急速な経済発展や都市化にインフラの整備が追いつかず、また公的資金が不足しているといった事情もあり、さらに国連や世界銀行などの水問題に関する政策として民営化の手法が織り込まれるようになっていった。

うがった見方をすれば、一部の民間企業がこうした動きをしたたかに推進してきたといえる。

彼らは深刻化する世界の水問題に関する議論をリードするかたちで「水道事業の民営化こそが問題解決への本筋である」という戦略をとってきた。そして、その流れのなかで「水は商品である」ということを強く訴えている。いわく、世界中で水がムダに消費され、その結果、水不足問題が深刻化している。その背景に、多くの国々で水の値段が不当に安過ぎるということがある。水というのは希少、かつ貴重な資源であり、それを効率よく利用するためには「飲み水がただの時代は終わった」という人々の意識の転換が必要である、というわけだ。

こうした欧州の水企業の考え方に沿うようなかたちで2000年に開催された「第2回世界水フォーラム」では「フルコスト・プライシング」（水道事業にかかった費用の全額を地域の消費者から取り戻す）という利用者負担の考え方が打ち出されている。

これに対してNGO（非政府組織）やNPO（非営利組織）などの間から「フルコスト・プライシングが導入されれば、水道料金を支払えない貧困層は水の供給からはじき出される」という反発の声が上がった。

根拠のない反対とはいえない。実際、南アフリカでは１９９４年以降、水道を止められ、何千人もの人々が汚染された川や湖から水を得ることを余儀なくされた。その結果、史上最悪のコレラの大流行が発生し、数千人が感染し、数百人が死亡したといわれる。

「開発は究極的には地元の住民に益するものでなければならない」という開発経済学の考え方からすれば、水道事業は必ずしも市場メカニズムや経済合理性だけで割り切れないところがある。最終的には矛盾する双方の言い分を統合する思想が必要であろう。

では、水道事業の民営化の現状はどのようなものか。

国際調査ジャーナリスト協会（ＩＣＩＪ）によれば、世界全体で民営企業が運営している水道の割合はまだ5％に過ぎない。しかし一部には進んだ国もあり、グローバルウォータ・ジャパン代表の吉村和就《かずなり》氏によれば、すでに、イギリスでは１００％民営化されており、フランスが80％、ドイツが20％で、米国も35％になっている。アジアもすでに10％に達しており、特に韓国や中国で民営化が進んでいるという。

民間企業が水を提供する人口は着実に増えており、１９９０年当時は５１００万人だったが、２００２年時点では３億人を超えた。ＩＣＩＪによれば、ウォーターバロン３社のうちスエズ社はすでに世界5大陸で事業を展開しており、130カ国の1億1500万人に飲み水を供給している。また、ヴィヴェンディ社が100カ国以上の1億1000万人に、テームズ・ウォーター社も5000万人に供給しているという。

水道事業民営化に遅れる日本

では、なぜ日本の水道事業は民営化に出遅れたのか。それは、100年以上官が経営してきた水道の維持管理事業を経験のない民間に任せてもいいのか、という官の側の心理的抵抗が大きかったためと思われる。

日本で改正水道法が施行され、公営企業の民営化や外資参入が始まったのは2002年4月だ。民営化第1号として注目されたのが広島県三次市の下水道事業だ。受託したのは三菱商事と日本ヘルス工業が共同出資したジャパンウォーターだが、これとて任されたのは下水道処理の維持管理のみである。

それでも小泉構造改革の「官から民へ」という流れもあり、ようやく海外の水道企業による本格的な進出の動きが見られるようになった。2007年7月、電力業界紙には、フランスの水道大手ヴェオリア・ウォーター社が卸発電事業者のJパワー（電源開発）と共同で、福岡県大牟田市と熊本県荒尾市で運営する水道事業を三井鉱山から取得した、との報道があった。

しかし、ウォーターバロンなど外資が日本市場に密かに関心を示すのは、すでに成熟化している水道事業ではなく、日本において比較的豊富な淡水資源を利用した淡水輸出ではないだろうか。すでに、地中海などではタンカーや樹脂製の巨大な袋に淡水を詰め、船で牽引するなど淡水の海洋輸送の試みがなされている。今のところ、採算面など困難な問題が少なくないが、今後、淡水という貴重な資源がいよいよ逼迫し、原油をもしのぐ戦略物資となったときには、事業として十分成立すると考えられる。

この点、日本でも淡水運搬の動きは見られる。朝日新聞の２００７年10月23日の夕刊には、「真水運搬　今度は成功」というタイトルで以下の記事が載っていた。

「合成繊維性のバッグ（縦44メートル、横10メートル）に入れて真水１千トンを海上輸送する実験が23日、成功した。和歌山県新宮市を22日朝に出発したバッグは、タグボートに引かれて紀伊水道を横断して約１７０キロを移動、23日８時、徳島県阿南市に到着した。

……（中略）海水が混入することもなく、失敗に終わった３月の実験のリベンジを果たした。水資源機構などによる実験は災害や渇水の際に低コストで水を運ぶ手段確立が目的。水に恵まれる新宮市から、慢性的な水不足を抱える阿南市まで運んだ」

海水淡水化事業

水不足や水の汚染の問題が深刻化しているが、その対策として期待される2つのビジネスがある。1つは海水淡水化であり、もう1つは使用した水を再処理し、中水として利用することだ。日本では、これら海水の淡水化、中水や産業廃水の再生利用をまとめて「造水」と呼ばれている。造水は、将来的にその需要が増加すると予測される工業用水や生活用水の節約につながる。同時に、新たな水資源として大きな役割を果たすものとして期待されている。

海水淡水化には、オーソドックスな蒸発法のほか、海水をろ過する方法、水処理膜を使った逆浸透膜法（RO：Revers Osmosis）、電気透析法（陽イオンと陰イオン交換膜の間に海水を通し、両膜の外側から直流電圧をかけることにより、膜を通して海水中の塩素イオンとナトリウムイオンを除去して淡水を得る）、LNG冷却法（マイナス162度のLNGを用いて海水を凍結させ、氷を溶かして淡水を得る方法）などがある。

このうち、現在最も普及しているのがＲＯ法だ。ＲＯ法は、１ナノメートル（10億分の1メートル）以下という非常に細かい穴の開いた膜に高い圧力をかけた海水を通し、塩分やホウ素などを取り除き、真水に変えるという方法だ。従来、水処理膜の課題はそのコストの高さにあったのだが、技術革新が進み、１９９１年に１トン当たり約２００円であった造水コストが10年後の２００１年には約60円と、３分の１以下になっている。この結果、オイルマネーに潤う中東産油国では十分に採用可能なものとなった。

ウォーターバロン３社も、水道事業にとどまることなく、淡水の供給事業へと戦略を広げている。ちなみに「エコノミスト」（毎日新聞社刊）２００７年10月２日号は、ヴェオリア・ウォーターのアントワーヌ・フレヲＣＥＯ（最高経営責任者）の世界戦略を紹介している。

①海水淡水化や下水の再利用などで、世界のリーダーシップをとる
②水処理膜を中心とする研究開発投資を毎年20％以上増加させる
③今後10年間で、10万人の専門的なスタッフを育成する

しかし、海水淡水化関連ビジネスでは日本企業も負けてはいない。１９７０年代のオイ

ルショック以来、環境技術を蓄積してきた日本企業にとって水処理膜を中心とする海水淡水化ビジネスは得意とするところなのだ。現に、中東はじめ中国やアフリカにおいて、日本企業による造水関連ビジネスの受注が相次いでいる。具体的な日本企業の活動ぶりを眺めてみよう。

旭化成は２００６年、中国北京郊外の日量3万５０００トンの汚水処理施設と浙江省の発電所向けに日量5万トンを淡水化するための水処理膜を受注。米国でも浄水場向けの水処理膜を受注している。同社の水処理膜事業の売上高は、２００６年で１００億円を突破しているが、２０１０年にはこれを5倍の５００億円とする計画だ。

逆浸透膜の生産で世界第3位の東レは、地中海沿岸地域のアルジェリアで、アフリカ最大の海水淡水化プラントに使う逆浸透膜を受注し、またイスラエルやマルタでも日量5万～9万トン規模の逆浸透膜を受注している。同社は水関連事業の売上高を、今後10年以内に現在の3倍の１０００億円にすることを狙っている。

日東電工も、中国浙江省で発電所の淡水化設備向けに逆浸透膜を3件受注している。同社は、この逆浸透膜では米ダウ・ケミカル社に次ぐ世界第2位にある。２０１０年には、売上高を２８０億円に増やす計画だ。

ササクラは、海水で金属が腐食するのを防ぐ淡水化装置を手がけている。外航船の大半には淡水化装置が備え付けられていることから今後、海運業界の船舶投資の大幅増加にともない受注の拡大が期待できる。

三菱商事や三井物産、丸紅、住友商事、伊藤忠商事などの大手商社も中東で海水淡水化プラントや廃水処理設備などの受注を増やしている。

日本企業は、ナノテクを武器に水処理膜の高機能化などで攻勢をかけると同時に、インフラ整備などを通じて産油国との関係強化を図ろうとしているといえよう。

ちなみに、民間リサーチ会社の富士経済によれば、プラントや超純粋製造装置などを含めた水関連市場の規模は、2005年の約4700億円から2010年には5700億円に拡大する見通しだ。

水の使用は水を汚染することでもある

造水のもう1つの手法が水の再利用だ。水を使用するということは水を汚染するということでもある。地球の淡水の供給が限られるなか、拡大を続ける水需要に対しては1度使った水を再処理して、徹底的に水を利用し尽くすことが重要である。水資源の回収率を高

図表12　日本の工業用水（淡水）の水源別変化（1965年、2001年）

		1965年		2001年
①総量	億m³	179		540
うち、補給水	億m³	114		116
②回収水	億m³	65		424
回収率（②/①）	%	36.3		78.5

（資料）経済産業省

め、水資源を多段階かつ多分野にわたって活かすことは「造水」効果があると同時に水質改善にもつながるのである。

実は、日本企業はこの技術においても、世界有数の存在なのである。

日本の工業用水の使用量は、１９６５年の１７９億トンから２００１年の５４０億トンへと３倍に拡大したものの、補給水量（新たに工業用水道、地下水、河川水などから採り入れる水量）は１１４億トンから１１６億トンとほとんど増えていない。これは、再処理した水の量が65億トンから４２４億トンと６・５倍も拡大しているためである。

いまや、日本の工業用水の使用量の80％近くが、再処理水（中水）の利用という形になっている（回収率78・5％、図表12参照）。日本では、工業用水は水道水の5分の1のコストで建設が可能なのだが、使用水量が莫大なため、1度使用した水を回収して利用しているという背景がある。

工業用水の用途としては、ボイラー用水、原料、処理・洗浄、冷却・温度調整用が主である。このうち、水量的には冷却・温度調整用が非常に多く、全体の78％、次いで製品処理・洗浄用が17％を占める。冷却・温度調整用水の高い業種は、化学工業と鉄鋼業である。

一方、紙パルプ、輸送用機械などは製品処理・洗浄などの用途が大きい。また、産業別に見た工業用水使用量（２００１年）については、化学（34％）、鉄鋼（26％）、紙パルプ（10％）が用水多消費の３大業種であり、この３業種で、工業用水総使用量の70％を占めている。これに、輸送用機械、石油・石炭、食品などが続く。

これら産業部門で、水使用や排水上の課題を挙げれば、次の通りである。

【紙パルプ】――排水対策の高度化に向けた工程転換（黒液回収率の改善、漂白工程の転換）。

【輸送用機械】――塗装の品質向上による水洗工程の廃止、漏れ防止等の徹底。そのためにも、工程転換による排水対策によりコスト削減と回収率の向上（水質改善）を実現する。

【電子部品（半導体）】――高価な超純水を利用しているため、もともと循環利用に経済的なインセンティブが働き、環境に配慮している。最近は「薬品洗浄↓超純水による洗浄」という工程の見直しも始まっている。

【食品】――水の使用量は多いが、小規模分散という業界構造から循環利用が進まない。

水関連市場で活躍する日本企業

地球上の水資源を風呂桶1杯とすると、われわれが使用可能な淡水の量は片手ですくえる量にも満たない。しかも水は毎年需要が拡大する一途のうえ、代替する物がない物質だ。そう考えれば、21世紀の水は、石油をもしのぐ資源ともいえ、将来、原油のように取引所で取引される商品となる可能性も否定できない。

飲用水についていえば、すでに石油より高価なものもある。ガソリンが2007年11月に1リッター150円を越え、石油情報センターで統計を取り始めて以来最高値を付けたと話題になったが、日本人は1リットルのミネラルウォーターに200円を出す。水道水なら1リットルわずか10銭で済むのだから〝2000倍の価格〟ということになる。

すでに、飲料水については関連事業への企業参入の状況について触れたが、ここでは工業用水に関連するビジネスの現状を概観してみよう。

世界を眺めれば、飲料水と同様、工業用水でも水不足が顕在化しており、それだけでなく、水質汚染の危機にもさらされている。ただし、こうした危機は企業にとっては大きなビジネスチャンスでもある。具体的には、廃水処理設備、上下水処理設備、水質浄化、さらに半導体や液晶などの洗浄に使う超純水製造装置などのビジネスが挙げられよう。世界人口が増加し、中国やインドなど新興国の急速な経済成長により、工業用水でも世界中で深刻な水不足の状態が続いている。日本企業は、海水や廃水の処理技術の分野ではトップクラスにあるため、今後の需要増が期待できる。

まず、水処理関連プラント建設では代表的な企業に、オルガノや栗田工業、ササクラ、荏原などがある。

オルガノは、電力・半導体業界向け超純水など機能水製造装置に注力している。電子産業では生産量の増大や液晶パネルの大型化などにより、機能水の需要が増加しているためだ。同社は約20億円かけて新工場を建設し、電子産業だけでなく、機械・建設業界における廃水・廃液削減などの環境保全効果の需要を掘り起こそうとしている。

総合水処理最大手の栗田工業は、中国向けの水処理薬品をはじめ超純水製造装置、環境機器、土壌浄化などに積極展開している。同社は廃水処理を大幅に効率化できる処理プラントを実用化しているほか、今後成長が見込める燃料電池市場（特に家庭用燃料電池）向けの小型超純水製造装置の開発を強化している。

もともとポンプの総合メーカーだった荏原は、中国における日系企業を対象に超純水や産業廃水処理などの工業用水事業を強化している。

環境保全大手の月島機械は、上下水道用機械や同装置、土壌汚染・地質環境の診断などを手がけている。また最近、石炭に代わる発電用燃料として期待されている下水汚泥を、発電用燃料に再生するシステムを開発している。

日立プラント系の日立プラントサービスは上下水道、中水設備のほか、超純水製造装置、土壌浄化といった水処理設備全般のメンテナンスを行っている。

商社についていえば、丸紅がカタールで下水処理建設を行っているほか、アラブ首長国連邦など中東で発電・海水淡水化事業を積極展開している。三菱商事なども、中東で発電と海水淡水化を組み合わせたプラント建設を進めている。

水資源に限らず、化学物質やレアメタルなどの資源も希少価値を帯びており、廃水から有効成分を回収し、再利用していこうという考え方が浸透しつつある。主に無機汚泥などの発生する工場では、産業技術の高度化や半導体産業の拡大にともなって、排水や余剰汚泥に含まれる有用化学物質の量や種類も増える。これら資源の価格が上昇したこともあってリサイクルして有価物として売却したり、再び工場で利用したり、といったビジネスが注目されるようになっている。

たとえば、フッ素はシリコンウェーハーの洗浄やシリコン酸化膜のエッチング液などの溶剤として使われるほか、燃料電池の電解質膜素材など幅広く使用されている。これらの回収にあたっては、松下環境空調エンジニアリングや日立プラントが化学反応や加熱によって、フッ素を結晶化・析出する回収システムを開発している。

トステムの場合、アルミサッシの表面加工に使ったフッ素を選択吸収する樹脂を用いた廃水浄化に加え、炭酸カルシウムをフッ素廃液に接触させてフッ素原料の蛍石に再資源化する技術で知られている。さらに同社は、この残渣をフラックス剤原料として取引先の化学品メーカーに有価で売却、メーカーは残渣を原料にフラックス剤を生成し、再びトステムに納入することで発生汚泥を完全に自社の原材料に還元するというスキームを作り上げている。

リンも下水に含まれている資源の１つだ。肥料に使われるリンを日本は１００％輸入に依存しているが、全国の下水道には肥料輸入量の3分の1に相当するリンが含まれているとされている。このため、全国の多くの自治体で、すでにリン回収プラントが稼働している。

日本の下水処理市場はすでに成熟化しているため今後、国内では設備更新が中心となろう。世界的に見ても、汚染水や汚染土壌の処理ビジネスは注目される分野だ。

たとえば、中国最大の河川・長江では、年間6000万トンの産業廃棄物と未処理水がそのまま流されているといわれ、現地では環境汚染の危機感が強まっている。

これに対して、土壌汚染処理大手のダイセキ環境ソリューションや日立造船、戸田工業など日本の下水処理プラント各社が参入している。たとえば、ダイセキ環境ソリューションは汚染水の調査や揮発性有機化合物による汚染土壌の処理の事業を拡大している。

注目を集める水関連ファンド

水ビジネスが世界の潮流になるのにともない、これまでのエネルギー・資源関連ファンドや地球温暖化対策関連ファンドなどに加えて、限りある水資源に着目した投資信託の設定も相次いでいる。

なかでも注目されたのが、野村證券が２００７年8月から販売を始めた「野村アクア（水）投資」だ。世界の水関連企業の株式に投資し、積極運用するもので、信託期間は約10年。為替ヘッジの有無でＡコースとＢコースに分かれる。顧客の反応も良く、Ａ、Ｂコース合わせて８９３億円という多額の資金を集めた。

投資にあたっては、水を取り巻く４つの環境変化に注目して投資を行うことを謳い文句にしている。

１つめは、人口の増加にともなう生活用水や工業用水の需要拡大である。世界の総人口は今後もさらに増加傾向にあり、都市部への人口集中がさらに進むと見てのことだ。特に水需要の増大が予想されるのは、莫大な人口を抱え、かつ工業化による急速な経済発展を遂げている中国、インドなどのＢＲＩＣｓに代表される新興国だ。

２つめは、気候変動への対応と水の効率的使用に注目していることだ。地球温暖化による異常気象の発生で、世界各地で水害や干ばつなどの深刻な水不足が多発しているが、そのようなコントロールが困難な気候変動への対応として、灌漑技術の導入や改良による水の効率的利用に関する取り組みを行っている企業が投資対象となる。

３つめは、地球環境への関心の高まりにともなう水品質の追求に注目していることである。世界各地で汚染物質を含む水が排出されており、地球環境への影響が懸念されるなか、廃水処理技術の世界的普及による水品質の改善が期待されているためだ。

そして4つめは、水道事業の取り換え需要と新規需要の拡大である。先進国においては水道事業の老朽化により今後、取り換え需要の拡大が予想される。ちなみに配水管の漏水などによる給水ロスは、フィリピンでは53％に達するほか、タイやエクアドル、エチオピア、スーダン、トルコ、ヨルダン、パキスタンなどで4割を超えている。また、新興国においても経済成長にともない、水道設備の新規需要の拡大が予想される。

こうしたコンセプトのもと「野村アクア投資」では、水関連企業として選んだ400社の中からサステナビリティ（持続的成長）の概念も加え、投資銘柄が選定される。選定は、サステナビリティ投資に特化したスイスの運用会社SAMサステイナブル・アセット・マネージメントが担当している。

また、同じ方針のもとに同社が運用している「SAMサステイナブル・ウォーター・ファンド」は2007年6月末時点で、北米の家庭用パイプでトップシェアの米ITTや水質検査の試薬や水処理の消毒でマーケットリーダー的存在の米ダナハー社、上下水道機器メーカーのスイスのギーベリッツ社、ボトル飲料水大手の仏食品加工会社ダノングループなどに投資している。

なお水をテーマとした国内公募投信の第1号は、野村アセットマネジメントが2004年3月に投入した「ワールド・ウォーター・ファンド（A、Bコース）」だ。同ファンドは2006年夏あたりから販売額が急増した結果、運用資産の適正範囲維持のため、2007年5月に販売停止措置がとられており、現在は購入することができない。

純資産総額は2コース合わせて相当な額となっている模様だ。同種のファンドへの需要が高いことから、野村アセットは2007年8月29日に「野村アクア投資」を設定した。世界的な水争奪戦の始まりが意識されるなか、関連企業の株価は早くも上昇基調にあり、身近なコンセプトと株価の先高期待から販売は好調のようだ。

水や地球環境をテーマにした投資信託は、2007年は6月に日興アセットマネジメント、7月に三菱UFJ投信、8月は野村アセットと3カ月続けて新ファンドが設定されるなど足元で設定ブームを迎えている。すでに運用中のファンドの動向などが、株式市場の投資銘柄の選別に影響を与えたようだ。その後も、大和投資信託の「地球環境株ファンド」や国際投信投資顧問の「地球温暖化対策株式オープン」、「温暖化対策株式オープン／愛称グリーン・プラネット」、ユービーエス・グローバル・アセット・マネジメントの

「UBS地球温暖化対応関連株ファンド」など、まさに設定ブームといわれる状態が続いている。

水など環境をテーマとした投資信託の設定が相次ぐ背景について、ラッセル・インベストメント証券投信投資顧問の水野善公・投資信託本部長は、個人の株式投資に対する関心が高まるなか、「複雑な商品性だと受け入れられにくい。その点、環境ファンドなら身近に感じられ、好んで購入する傾向があるようだ。販売会社にとっても新規顧客獲得の呼び水という役割を果たしている」と語る。

水を確保している先進国でも、水道設備の老朽化による給水ロスが起こっており、更新需要の拡大が見込まれている。三菱UFJ投信・証券マーケティング部の山口裕之チーフマネジャーによれば、新興国の新規需要と合わせ、「ライフラインとしてのインフラ投資は安定かつ長期にわたる。水関連の市場規模は年3650億ドル、今後年10％以上伸びるといわれ、関連企業の収益機会はさらに広がる」と見られる。

このため、三菱UFJ投信の「三菱UFJグローバル・エコ・ウォーター・ファンド」では、水関連事業として次の5つを挙げ、いずれも年15〜30％のペースでの市場拡大を予想している。

①上下水道の整備や水道サービスを提供する公益事業・インフラ整備
②水道管やポンプ、バルブなど水関連装置
③海水の淡水化と廃水の再利用や工場向け純水製造装置などの水処理技術
④上下水道インフラや水処理システムのデザインや設計を手がけるエンジニアリング
⑤水の節約や再生利用に関する装置や機器の開発・製造を手がける環境保全

このうち公益事業は仏スエズ社など大型のコングロマリット（複合企業）が担っている。これらの事業は参入障壁が高いものの、安定した収益を享受していくと見られる。

水処理の分野では、オルガノや栗田工業といった日本企業も活躍しており、ファンドでも組み入れている60銘柄のなかには栗田工業など３銘柄が入る。投資候補となる水関連企業は約90社だ。ＳＲＩ（社会的責任投資）の観点から不適切な銘柄を除外し、他のファンドとの差別化を図っている。

これら関連企業の足元の業績は順調だ。水処理関連の世界大手５社の４〜６月業績を比較したＵＢＳ証券の星野英彦アナリストは「各社の増収率は好調だった。なかでも栗田工業やクリスト、オルガノと、装置を手がける企業が上位を独占した」と指摘する。

個別銘柄の株価も、大きく値上がりしているものが多い。投資魅力の高さを認識した投資家が積極的に買い付けており、こうした水処理関連企業の株価は上昇傾向にある。業績好調に加えて、世界的に水関連企業に注目が集まっていることから、相対的に高めで評価されているといえよう。

気になるのは、投信の世界では1999年ごろに環境問題を意識した商品としてエコ・ファンドがブームとなり、その後、下火となった経緯があることだ。これについて三菱UFJ投信の山口氏は「当時のエコ・ファンドは啓蒙や応援の色彩が強く、収益につながるものではなかった。しかし今回は、実際に水関連企業にビジネスチャンスが広がり、収益源になっている。投資の面からも妙味がある」と、その違いを強調する。

第４章　資源大量消費時代の到来

エネルギー・資源価格の「均衡点の変化」が始まった

世界全体の実質GDPは2004年以降、5%を上回る高い成長を維持している。実感には乏しいが、日本も2006年11月をもって「いざなぎ景気(1965〜1970年)」を超え、戦後最長の景気拡大期に入っていたとされる。

日本だけでなく世界200カ国近い国と地域のほとんどすべてが成長し、しかもインフレは世界的に抑制されている。主要株式市場の時価総額は2002年以降倍増している。まさに、世界経済は歴史的な繁栄を同時実現しているのである。過去20年間、同成長率が3%程度だったことを考えれば、世界経済は同時好況にあり、新しい成長のステージに入ったといえるだろう。

この成長を牽引しているのが中国、インドをはじめとするエマージング(新興国)だ。世界経済の牽引役は1990年代までは日米欧の先進国が主導していたが、2000年代に入ると、BRICs(ブラジル・ロシア・インド・チャイナ)に代表される新興国経済に移った。BRICsは、人口・経済・資源大国で潜在成長力と市場性に富むのが特徴だ。それらの国の高い成長ポテンシャルは、次のような要素でもたらされている。

①財政規律の強化やインフレ抑制を最優先する金融政策

②従来の「国内産業保護・輸入代替政策」から「輸出指向・開放経済・競争促進」への政策転換
③経済自由化・外資導入

いまや、ＢＲＩＣｓ経済は世界経済を牽引するまでになっている。２００７年の世界経済成長予測４・６％のうち日米欧のウェイトは１％弱であり、２・２％がＢＲＩＣｓ、１・５％がその他エマージング経済のものだ。いまや世界経済を引っ張っているのは、人口８億人弱の先進国ではなく、人口30億人のＢＲＩＣｓをはじめとするエマージング経済なのだ。

ただし、エマージング経済の台頭は世界経済の成長率を押し上げているばかりでなく、エネルギー・資源市場に価格高騰というかたちでも大きなインパクトを与えている。

１９９０年代までは、西側の先進国が世界経済を引っ張っていたが、経済の成熟化・サービス化が進んでいたため、エネルギーや資源の需要増につながらなかった。これに対して、近年の世界経済の成長をもたらしているのは、新興国のモノづくりであり、それを支える高速道路、発電所、港湾、情報網などインフラ（社会基盤）整備であるため、地球規

図表13　穀物および原油価格の推移

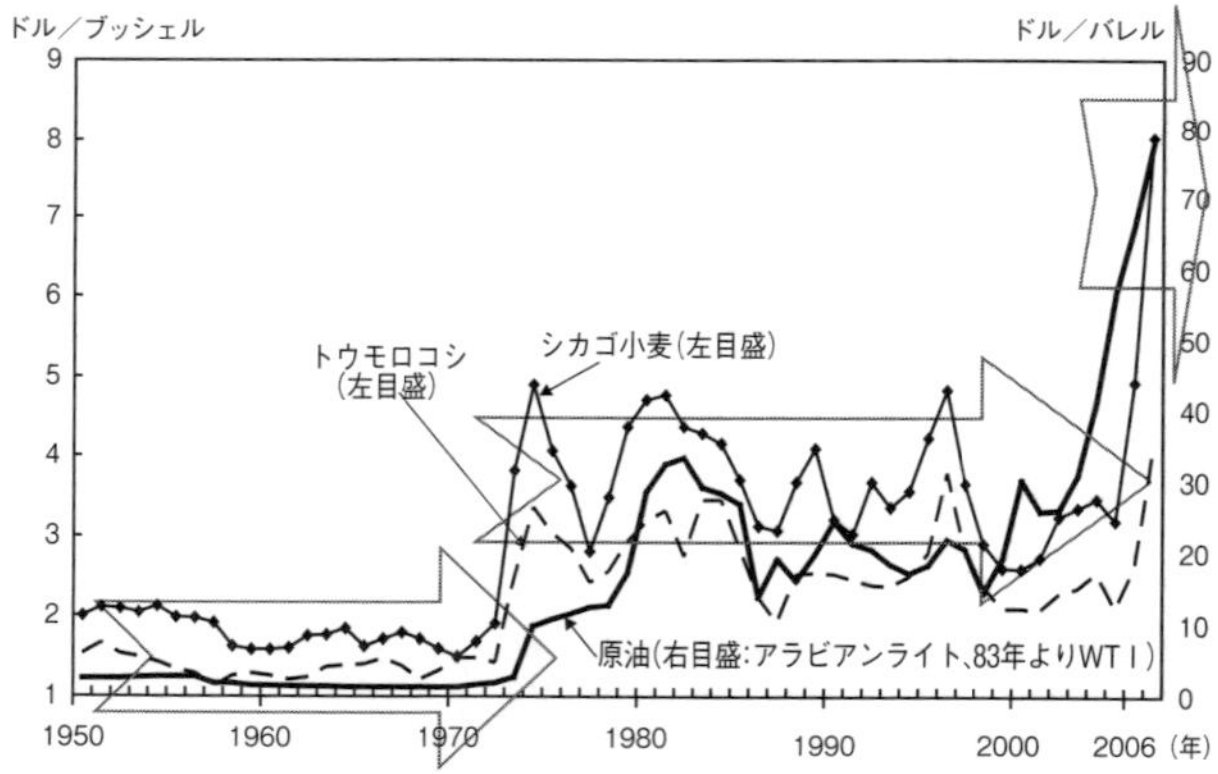

（資料）IMF-IFSより丸紅経済研究所作成

模でエネルギー・資源の需要が喚起されているのである。

当然、もろもろの資源の価格は押し上げられる。食糧も例外ではない。ここ数年の原油をはじめ非鉄、鉄鉱石、原料炭、穀物などのコモディティー価格の高騰は一過性のものではなく、図表13のように「安い資源時代」から「高い資源時代」への「均衡点の変化」と位置づけられる。

地球規模のエネルギーと資源の多消費型の経済発展の時代が到来した。それは、需要ショックといったかたちで世界の石油需要の急増に直結する。

１９９０年代まで原油、銅、アルミ、ニッケル、鉄鉱石、原料炭などは低価格時代が続

図表14　世界の経済成長率の推移

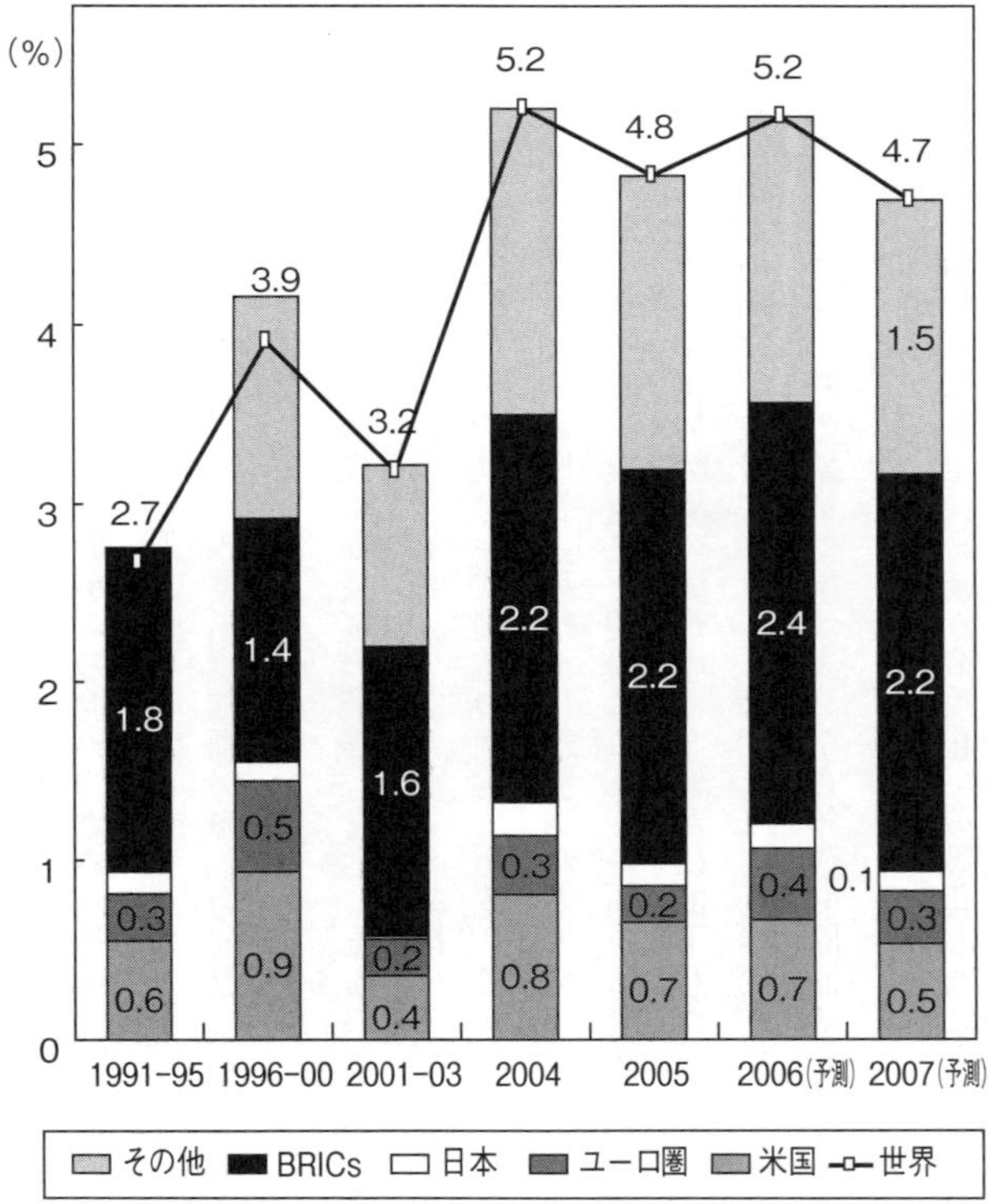

CAP（資料）IMF，米商務省、欧州委員会、内閣府、予測は丸紅経済研究所による（2005年）

き、これらの資源の開発は抑制されてきたのだが、新興国経済の台頭による需要急増により、供給不足の問題が発生した。そこに、折からの世界的カネ余りを背景とした市場への投機マネーの流入とがあいまって近年の高騰が引き起こされたのである。

世界経済の発展ステージの変化が、エネルギー資源価格の「均衡点の変化」を引き起こすという現象は今回が初めてではない。

図表14は1991年以降の「世界の経済成長率の推移」を示したものだが、1990年代前半世界経済は平均3％前後で成長していたが、2004年以降、5％前後の成長を見せている。この成長率の変化は、日米欧の産業構造の変化に関連している。1960年代までは、世界経済の成長は先進国の重厚長大型経済に牽引される形で実現したものであり、年率5％台の成長だったが、オイルショックを契機にこれらの国の産業構造が高度化し、省エネ・省資源化が進んだことで世界経済の成長率は3％台に低下した。

エネルギー・資源価格との関連で注目すべきことは、1960年代までの重厚長大型成長は世界の資源需給を逼迫させ、その累積効果が1970年代の原油や非鉄、穀物相場の急騰＝「均衡点の変化」となって顕在化したことである。

一方、1980〜1990年代は先進国経済が高度化、成熟化したことで、3％台の経

図表15　1人当たりGDPと鉄鋼消費量（2003年）

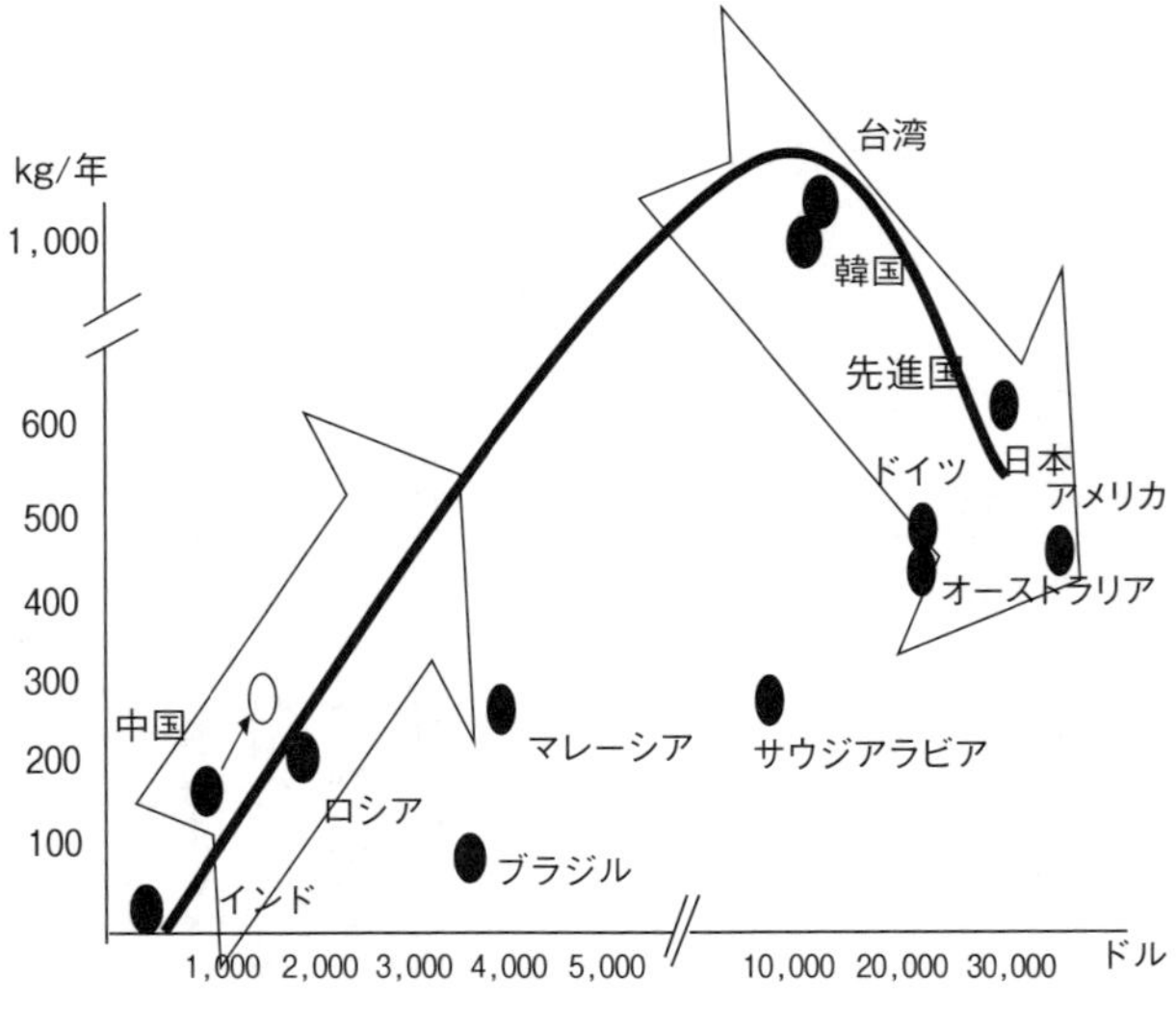

（資料）日本鉄鋼連盟「鉄鋼統計要覧」2005年より筆者作成

済成長があっても資源需要に直結せず、このためエネルギー・資源市場では需給が緩和し、価格は長期低落傾向をたどった。

２０００年代に入ると、環境が大きく転換する。ＢＲＩＣｓをはじめとするエマージング経済が本格的に工業化して、猛スピードで先進諸国へのキャッチアップを始めたのだ。世界経済も再び５％前後の成長に加速し、経済成長が資源需要に直結する時代が再度到来した。原油や銅などのエネルギー・資源価格はこの動きにいち早く反応して、１９９０年代の平均価格から、３倍～４倍に上昇している。

図表15は「１人当たりＧＤＰと鉄鋼消費量の関係」を、主な先進国および発展途上国について見たものである。これによると、１人当たりＧＤＰが３０００ドル台に達するまでは、ＧＤＰが増えれば、鉄鋼消費量も急増するが、ＧＤＰが１万ドルを突破すると鉄鋼消費量も頭打ち、ないし減少傾向に向かうことが分かる。

一般に、途上国の成長局面ではエネルギー・資源の１人当たり消費量は急激に拡大する。現在、中国、インド経済などはまさにこの成長局面にある。

今後、ＢＲＩＣｓに牽引された５％前後の世界経済成長が10年間累積した場合、エネルギー・資源市場へのインパクトはどのようなものだろうか。それを考えれば、ここ数年のエネルギー・資源価格の高騰は、今後長期的に予想される本格的な価格上昇のほんの入口に過ぎない可能性もある。

市場メカニズムが働かない資源市場

資源市場では、需要拡大が続くなか、開発コストが切り上がり、単純に市場メカニズムが働かなくなっている。

一般に原油や石炭、銅などの枯渇性資源の市場価格（ベンチマーク価格）は次の要素を反映して決まる。

①最も自然（生産）条件の厳しい鉱区での限界生産コスト
②ロイヤルティー（資源所有者に対する使用料）
③住民対策や現状復帰義務など環境に配慮した環境コスト

3つの要素は、いずれも増大傾向にある。実例として、オーストラリアの炭鉱の状況を説明しよう。筆者は2007年6月末に、オーストラリアの2カ所の石炭鉱山と積出港を視察した。クイーンズランド州にある露天掘りのヘイルクリーク炭鉱とニューサウスウェールズ州の坑内掘りのウェスト・ウォールセンド炭鉱だ。

世界の石炭生産量は、１９９０年代から２００２年まで30億トン台で推移してきたが、２００３年に40億トンを超え、２００５年には59億トンと急増した。生産量の約３分の１は中国で、約４分の1が米国、２国を合わせると約６割と突出している。しかし、両国とも国内消費が大半で、輸出する余力は少ない。これに対し、オーストラリアの２００５年の石炭生産は３・1億トンで世界の生産シェアは５％強に過ぎないものの、その約８割が輸出用のため、世界の石炭貿易量７・８億トンの約３分の1を占める。このため、オーストラリア炭が国際石炭市場に与える影響力は極めて大きい。

中国をはじめとする世界的な需要拡大にともない、過去30年以上にわたって1トン当たり40ドル前後で推移していた原料炭（鉄鋼生産の副原料であるコークス用）の国際価格が２００５年に１２５ドルという史上空前の高値を付けた。その後、価格は石炭メジャー最大手のＢＨＰビリトンの価格引き下げもあって一時、１００ドルを下回ったが、２００８年以降に再び１２０ドル台を回復するものと見られる。需要の拡大が続くなか、「コールチェーン」と呼ばれる石炭の輸送網でさまざまなボトルネックが生じており、それらが一段のコストの押し上げ要因となるためだ。

ボトルネックの第1は、生産部門での労働力の不足だ。鉱山エンジニアの賃金は、年10万豪ドル（約1000万円）に達している。また、鉱山労働者の高齢化も目立つ。

第2に、鉄道輸送能力の限界である。両州にある数多くの炭鉱と2カ所の積出港を結ぶ鉄道はそれぞれ単線で複線化していない。このため、絶対的な輸送能力の不足もさることながら、「ミッシングリンク（失われた輸送網）」の問題が指摘されている。各炭鉱は積出港の混雑具合に応じて、どちらか余裕のある港へ輸送先を切り替えることができれば効率的な輸送が可能なのだが、両港は鉄道で結ばれていないのである。

第3に、石炭輸出港での能力不足がある。船積みバースやハンドリング設備の不足などだ。そのため沖合に80隻ほどが滞船している状況で、平均の滞船期間は40日を超える。ちなみに、滞船料は1トン当たり月5ドルという。

第4に、環境保全の面での制約が強まっていることだ。露天掘りの炭鉱には、州政府による現状復帰義務が課せられており、鉱山会社は採炭後、土地を埋め戻し、植林を行ってもとの状態に復帰させなければならないのである。

これらのボトルネックが相互に結びついて、石炭供給の大きなコストアップ要因となっている。

石炭ばかりではなく、いまやあらゆる資源でさまざまな要因からコストが切り上がり、価格に下方硬直性が現れているのが現状である。

塗り替わる世界のパワーバランス

高騰する原油価格が、3つの面から世界情勢におけるパワーバランスを大きく塗り替えようとしている。

第1に、巨額のオイルマネーを手にした産油国の間で資源ナショナリズムが高まったことだ。米エネルギー情報局（EIA）の推計によると、2005年の石油輸出国機構（OPEC）加盟国の純石油収入は4731億ドルで、前年比で43％拡大し、2006年は5219億ドルとなったと見られる。

石油収入の拡大は産油国の軍拡に直結する。英シンクタンクの軍事報告書「ミリタリーバランス」によると、核問題で米国と対立するイランの軍事予算は2002～2005年の3年間で2倍になった。

また、これらの産油国では財政収入が増え、経済が活性化することで政権に対する国民の支持が強化されることを背景として、国家が石油関連産業への関与を強化しつつある。

特にイラン、ベネズエラ、ボリビアなどの反米・左派政権は資源の囲い込みの動きを強めるなど新たな供給不安を生み出している。具体的には、海外企業に対する所得税やロイヤルティーを引き上げる動きがあるが、今後はそれにとどまらず、外国資本の排斥や、さらには国民の間でも資源そのものの所有権争いに発展しかねない。気になるのは、イランとベネズエラが互いに反米姿勢を鮮明にすることで結束を強めていることだ。

第2に、原油価格の高騰は非鉄や鉄鉱石、石炭、レアメタルなどの資源の価格高騰を招き、改めて消費国に資源の枯渇問題を突きつけたことである。

その好例が「ピーク・オイル問題」だ。ピーク・オイルとは、在来型石油の枯渇により、供給能力が拡大する需要に追いつかなくなる現象をいう。生産がピーク（頭打ち）になると、それ以降の原油生産の減退を止められない状況となる。

では、石油はいつピークを迎えるのか。この問題については、２０１０年前後とする悲観論、２０３０年以降とする楽観論など諸説紛々である。１ついえるのは、石油のピークが近づけば、原油価格が高騰するばかりではなく、限られた石油資源をめぐって国際間の争奪戦が激しくなり、国際情勢が不安定になるということであり、それが今まさに起こりつつある現象だ。

第3に、原油高騰は代替物としてのバイオエタノールやバイオディーゼルなどバイオ燃料の急速な普及をもたらし、その結果、食糧市場とエネルギー市場の競合あるいは連動性が強まったことである。一般にバイオ燃料の原料は、サトウキビ(糖質系)、トウモロコシ(デンプン系)、大豆油(油脂系)などに大別されるが、中心となっているのが米国でのトウモロコシ・エタノールだ。ちなみに、米国のエタノール生産量は2000年の約20億ガロン(1ガロンは約3・8リットル)から2005年には42・4億ガロンへと拡大し、ブラジルを抜き、世界最大となっている。2005年8月のエネルギー政策法では、2012年のエタノール生産を75億ガロン以上とすることを義務付けている。

しかし、実施にはエタノール生産のペースは速く、2007年の生産は、129工場で68億ガロンとなる見通しだ。しかも現在、新設および増設工場が86あり、これらの能力68億ガロンを加えると、米国のエタノール生産は2008年にも130億ガロンに達する勢いである。これにともない、トウモロコシのエタノール向け需要も急増。米農務省によると、米国の2006年度トウモロコシ需要の約18%がエタノール向けで、輸出需要に並び、近い将来、約3割がエタノール向けになる公算がある。

資源は「市況商品」から「戦略商品」へ

原油や鉄鉱石、石炭など資源の価格が上昇している。出遅れていた穀物も騰勢を強め、シカゴ市場の小麦先物価格は２００７年９月に11年ぶりに史上最高値を更新した。

問題は、市場メカニズムが働かなくなりつつあることだ。通常は、資源の価格が急騰すれば、需要は抑制され、また、より条件の厳しい地域での生産や代替財の開発がうながされるため供給が増え、価格はいずれ落ち着くところに落ち着く。

ところが、さまざまな資源はいまや市場で安価に調達できる「市況商品」ではなく、資源国が自国の利益のため政治的に利用する「戦略物資」の性格を強めているのである。限られた資源をめぐり、熾烈な争奪戦が繰り広げられる。そんな構図が予測されるようになり、世界中で資源ナショナリズムが勃興している。資源保有国が自国の地下資源は自分たちのものであり、これを「戦略物資」として国益のためにより有効に利用していく、という意識が高まっているのである。

その傾向が顕著なのが石油だ。

ここ数年、原油価格の騰勢が止まらない。主な理由が３つ考えられる。

①ＯＰＥＣ（石油輸出国機構）の供給余力の低下

②米ガソリン在庫の減少
③地政学的リスク

これらを背景とした供給不安が挙げられるのだが、このうちＯＰＥＣの原油生産能力については今のところ不安はない。ＩＥＡ（国際エネルギー機関）の「オイル・マーケット・リポート」２００７年7月号によれば、ＯＰＥＣ10カ国の持続可能な生産能力は日量３０１０万バレルだ。しかし、ＯＰＥＣは２００６年11月と２００７年2月に、合計１７０万バレルの減産を表明している。また、２００７年2月以降の生産量は２６５０万バレル程度にとどまっている。これにともない、生産余力（スペアキャパシティ）も心理的に安心レベルといわれる３５０万バレル強に拡大した。ＯＰＥＣの定義によれば、スペアキャパシティとは、30日以内に増産可能で、その生産レベルを90日維持できる能力を指す。したがって前述の理由のうち、問題は②の「米ガソリン在庫の減少」と③の「地政学的リスク」ということになる。

ＩＥＡによると、米国の２００７年の石油需要２０６７万バレル（この約45％がガソリン需要）に対して精製能力は１７００万バレル台にとどまっており、需給ギャップは年々拡大している。加えて米国では、２００７年の6〜9月はドライブシーズンにもかかわらず、製油所の障害が相次ぎ、稼働率が低下するなどガソリンの供給不安が強まった。年初の1ガロン2ドル前後で推移していたガソリン小売価格はその後急騰し、5月下旬には3・22ドルと史上最高値を記録、9月に入っても3ドル近辺で推移した。いまや米国におけるガソリン価格の上昇が、ＷＴＩ原油価格を引っ張り上げる構図だ。

地政学的要因も、将来の供給不安につながる。２００６年はイラン核開発問題やイスラエルとレバノン（ヒズボラ）紛争が最大の懸念材料だったが、２００７年に入ると原油価格の高止まりを背景に南米、ロシア、中国などでの資源ナショナリズムの高揚が新たな市場リスク要因として加わってきた。

ベネズエラのチャベス大統領は、２００５年から２００６年にかけて同国最大の鉱区オリノコ河ガス田開発を進めてきた米シェブロン社に対し、所得税、ロイヤルティーの大幅引き上げなど一方的な権益条件の変更を実施している。

ベネズエラに端を発した資源の再国有化、外国資本の排斥の動きはその後、ボリビア（炭化水素源の国有化）、エクアドル（石油代金の値上がりに対する自動的増税）、ペルー（3％のボランティア増税）などへ波及していった。チャドやカザフスタン、アルジェリアでも、石油・ガス資源に対する国家管理が強まっている。

ロシアでは、2005年5月に政権2期目に入ったプーチン大統領が、石油産業に対する国家管理の強化・外国資本の制限を打ち出した。環境問題を表向きの理由に持ち出してきた2006年のサハリンⅡへの介入はその好例である。

石油・ガスに限らず、石炭や金属資源、ウランなどをめぐっても価格高騰を背景に資源ナショナリズムの動きが強まっている。

たとえば、中国政府は「産業、科学技術に欠かせないレアメタルの戦略的活用」策を打ち出した。急速な自動車や情報通信産業などの成長にともなうタングステン、アンチモン、レアアース（希土類）などレアメタル需要の急増に対し、国内向け供給を優先するため、増値税（付加価値税）の還付を停止するとともに、輸出許可制度を導入している。

今後、懸念されるのは中国が主要生産国であるレアメタルであり、いまのところは自国内の消費量が限られるストロンチウム鉱石、アンチモン地金、リチウム鉱石、高純度ガリウム、ビスマス、インジウム鉱石などの供給制約を強めることだ。

現に中国で、すべての希少金属およびその大半の製品を輸出禁止品目に盛り込み、高付加価値の輸出品にも高税率を課すべし、との意見が出ている。

こうした資源ナショナリズムの高揚は、当該国にも弊害をもたらす。まず、市場メカニズムのもとで拡大するはずの資源開発を抑制するため、価格を一段と押し上げるのみならず、外国企業の投資意欲を減退させ、海外の優れた技術の導入を細らせ、有望な資源の開発を遮断してしまうことにより長期的な生産の低迷さえもたらしかねない。

活発化する資源外交

世界で資源ナショナリズムが高まるなか、資源の戦略物資化を見すえて自ら権益を確保すべく、積極的な資源外交を行っているのが中国だ。

中国は、経済成長が過熱気味だ。2003年に10％に乗った実質GDP成長率は、2006年まで4年連続二ケタ成長となり、2007年の上半期は11・5％とさらに加速している。この背景には長期的な工業化、都市化の加速と消費市場の急拡大や全国の石炭、電力、輸送能力の拡大がある。しかし、工業生産のペースが加速すれば、国民経済全体の成長のペースを上げ、エネルギー・資源の過剰な消費や汚染物質の排出を増やすだけでなく、構造調整を難しくし、経済の安定成長を脅かしかねない。

成長を安定的なかたちに抑制しながら、工業主導の経済成長からサービス産業中心の経済成長へ舵を切る必要がある。具体的には、流通・物流、金融（銀行、保険、証券）、情報、旅行などだ。しかし、経済構造の変革は大きな課題だけに相当時間がかかる。サービス産業中心の経済構造に達するには、少なくとも2010年代半ばまでは待たねばならない。逆にいえば、それまでは設備投資・輸出主導の高い経済成長が続くということであり、しばらくは新たな資源需要が喚起され続けるということでもある。

中国では2005年6月、温家宝首相をトップとする「エネルギー安全保障戦略会議」が設立された。次の5つの柱からなるものだ。

①海外における石油・天然ガス資源の確保
②国内石油・天然ガス生産量の拡大
③省エネおよび石油代替エネルギーの開発
④石油・天然ガス輸入先の多元化
⑤石油の戦略的備蓄システムの確立

このうち、最も重要と思われるのが、①の海外における石油・天然ガス資源戦略だ。

中国海洋石油総公司（CNOOC）が、米石油メジャーのシェブロン社と争ったユノカル社買収劇こそ失敗に終わったものの、これまでにベネズエラ、キューバ、ブラジルとの連携の強化、中国石油天然ガス集団公司（ＣＮＰＣ）によるカナダのオイルサンド（油砂）会社買収、中国石油化工（ＳＩＮＯＰＥＣ）とサウジアラムコ社との輸入拡大契約など積極的な資源外交を展開している。アフリカにおいてもナイジェリア、スーダン、アンゴラ、チャドなど17カ国で石油権益を確保済みだ。２００６年11月には、北京で「中国・アフリカ協力フォーラム」を開催し、アフリカとの連携強化を図っている。

また、ロシアおよび中央アジア４カ国（カザフスタン、ウズベキスタン、タジキスタン、キルギスタン）と２００１年に上海協力機構（ＳＣＯ）を設立している。当初こそ「テロ・民族分離・過激派・麻薬・武器密輸・違法移民への対抗」を狙いとしていた上海協力機構だが、いまや米国に対抗するための資源同盟の色彩が表面化している。

資源高騰時代は日本企業の出番

高資源価格の時代の到来は「資源貧国」の日本にとってのリスクともいえる。原油価格の高騰は、企業には大変なコストアップ要因であり、日本経済の足を引っ張りかねないのは事実だ。原油価格が上昇するとき、通常、企業は合理化によって高騰分を吸収しようと努めるが、「均衡点の変化」ともいえる最近の原油価格の上昇はそうした努力で吸収できる限界を超えている。そこで企業が価格転嫁を進めれば、インフレ圧力が高まり、金利が上昇し、設備投資や消費が抑制されることになる。価格転嫁ができなければ、企業の業績は悪化し、設備投資が減退して雇用が削減される。いずれにしても景気には悪材料だ。

ただし今後、原油価格の高騰が恒久化するということが社会的コンセンサスなのであれば、進むべき道はおのずから決まってくるはずだ。いち早く、資源高価格時代に対応した社会システム作りに注力することである。

日本経済は、1970年代の石油ショックのときと比べて、原油高騰に対してははるかに打たれ強くなっている。石油危機を契機に重化学工業化による経済成長から加工組立型の経済成長へ、「重厚長大」から「軽薄短小」へと省エネ・省資源化を進めてきた結果だ。

そう考えれば、最近のエネルギー・資源価格の高騰は、日本にとっては1970年代の石油ショック以来、長年培ってきた省エネ・環境対応技術の商業化の道を開くものでもあり、投資機会でもあるはずだ。たとえば、機会として次のようなものが挙げられよう。

①省エネ・省資源による循環型経済システムの構築

②供給不足に対応した深海や極地でのハイテク、ハイコストの石油、ガス探鉱の開発

③ＧＴＬ（ガス・ツー・リキッド、天然ガスから軽油、灯油、ナフサなどを合成）、ＤＭＥ（ジメチル・エーテル）、ＣＴＬ（石炭液化油）などの、石油を代替する液体燃料の製造
④原子力発電の利用見直し
⑤再生可能エネルギー（太陽光、風力、水力、バイオマスなど）の地域分散型利用促進

日本としては、いたずらに経済活力の低下をおそれるばかりでなく、エネルギー資源価格の高騰や環境問題への対応など、むしろ新たな社会システム構築のための「絶好の機会」ととらえるべきだろう。

１９７０年代との類似

こうして見てくると、21世紀初頭の資源マーケットを取り巻く環境は、エネルギー・資源が「安い時代」から「高い時代」へと「均衡点の変化」が生じた１９７０年代によく似ており、それを一段スケールアップしたかたちで展開していることが分かる。

エネルギー・資源価格が高騰した１９７０年前後と現在との類似点を比較してみると、

図表16　商品市況環境をめぐる時代比較

	1965〜1970年代	2001年〜
1	ドル・ポンド危機、ゴールドラッシュ（EC中東は脱ドル→金購入）	ドル安懸念、ユーロ高・人民元切り上げ観測（ドルの対円・ユーロ戦後最安値）
2	米国の国際収支悪化（1971年に赤字転落）	米国の双子赤字拡大・対外純債務拡大（90年代に投資収益収支も赤字に）
3	金資産の世界的なシフト（中東オイルダラーが金吸収）	金・外貨資産の世界的シフト（中国の金・外貨準備急拡大）
4	資源ナショナリズムと米国の中東政策（OPECの結束、イラン封じ込め）	資源ナショナリズムと米国の中東政策（OPECの結束、イラク戦争、対イラン封じ込め）
5	日本、西独の高度成長（重厚長大型経済発展）	中国などBRICs東アジアの台頭（量産化・産業化の進展）
6	旧ソ連の国際商品市場への参入（大穀物泥棒）	中国の国際商品市場への参入（一次産品輸入大国へ）
7	世界的な食糧需給逼迫（73年の世界穀物在庫率15%へ）	世界的な食糧需給逼迫（04年の世界穀物在庫率16%台へ）
8	ニューヨーク株価調整（ニフティ・フィフティ）	ニューヨーク株価調整（ITバブル崩壊）
9	資源不足、公害問題（ローマクラブの警告）	地球環境問題の深刻化（ワールドウォッチ研究所の警告）
※	東西冷戦構造	テロとの戦争

（出所）丸紅経済研究所

ドル不安、米国の国際収支赤字問題、金やドルなどの国際的な資金シフト、米国の中東政策、モノ作りをベースにした新興工業国の台頭、一次産品輸入大国の登場、世界的な食糧需給の逼迫、米国の株価の調整局面入り、環境問題の深刻化などが挙げられる。

ちなみに1970年代当時、一次産品の価格急騰の要因として指摘された要因には次のようなものがある。

①可耕地の限界などを反映した農業生産の伸び悩み
②発展途上国の経済成長にともなう所得向上と人口増加率の上昇(所得爆発と人口爆発)
③異常気象による食糧需給の逼迫
④採鉱条件の悪化や公害問題による非鉄生産

の頭打ち
⑤日本や旧西ドイツなどの急速な重化学工業化にともなうエネルギー・原材料需要の増大
⑥旧ソ連による穀物の大量買付け
⑦国際通貨の変動にともなう投機マネーの流入

これらの要因は、キーワードを置き換えるだけで、現在に当てはまるものが多いことがお分かりいただけるだろう。

ドルに関していえば、１９６０年代後半の米国はまだ金・ドル本位制下にあったが、ベトナム戦争の戦費調達のためドルの過剰発行を余儀なくされた。このため、海外のドル資産が米国の準備資産としての金準備額（当時アメリカは公定価格で約1万８０００トンの金を保有していた）を上回ったことからドル不安が台頭して、１９６７年に「安全資産としての金」を求めた結果としての「ゴールドラッシュ」が生じたのである。これに対して、米国は準備金を放出してドルを買い支えたものの支えきれず、ついに１９７1年8月15日の金・ドル交換停止、いわゆる「ニクソンショック」へ至った。

鯖田豊之著『金（ゴールド）が語る20世紀』（中公新書）によれば、かつてアメリカは公定価格で100億ドル（純金換算で8886トン）以上の金保有を絶対条件としていたが、1971年に入ると、金を求める流れが加速し、この保有高を割り込むおそれが出てきた。

この結果、ドルは金の楔《くびき》から解き放たれた。金の裏付けのなくなったドルは売られるしかない。ドルが何ら価値の裏づけのないペーパーマネーに転換する一方、金は自由市場で自由に価格決定されることになる。こうしたなか、1973年に入ると、第四次中東戦争を契機に第一次オイルショックが発生するのである。オイルダラーで潤う中東産油国がドルの減価を嫌い、脱ドル・金指向を強め、その結果、金価格は1980年に1トロイオンス＝850ドルという史上最高値まで駆け上った。

それから25年を経過した2005年以降、金は長期にわたる低落傾向（金価格は1999年と2001年には250ドル近辺まで値下がりした）が終焉し、ドル安懸念や原油価格が高騰するなか、金は再び輝きを取り戻す。1980年来の500ドルを大きく突破、2007年9月に700ドル前後まで上昇すると、11月には800ドルを突破し28年ぶりに史上最高値を更新する勢いだ。

穀物マーケットの環境もよく似ている。

米農務省の農産物需給報告によると、世界の穀物（注１）の期末在庫率（期末在庫を年間消費量で割った数字）は２０００年頃の30％前後から急速に低下し、２００３～２００４年度以降は20％を割り込み、２００６～２００７年度末には15％台に低下する見通しである。この背景として、２０００年以降、世界の穀物マーケットでは旺盛な需要の伸びに供給が追いつかず、世界の穀物在庫が取り崩されているという状況がある。

１９７０年代前半の食糧危機・価格高騰の際も、期末在庫率は１９６８年の24％台から１９７２年に15％台に落ち込んだ。世界的な所得増加と人口爆発で穀物生産が消費に追いつけなくなったためだ。

特に１９７２年には、ソ連が秘密裏に小麦２０００万トンを中心に大量の穀物を米国から買い付け、それがマーケットでの投機買いを誘い、それまで１ブッシェル（約27・２キロ）＝１ドル台にあったシカゴ小麦価格は、１９７４年に４ドル前後まで跳ね上がった。トウモロコシも１ドル近辺から３ドルを突破し、大豆は米国が輸出禁止（エンバーゴ）を実施したこともあり、２ドル台後半から一時13ドルに急騰している。かつてのソ連を現在の中国に置き換えれば、構図は瓜二つだ。

注1　穀物とは、コメ（精米）、小麦、トウモロコシを中心とする粗粒穀物の合計で、大豆などの油糧種子は除く。

第5章　穀物をめぐる3つの争奪戦と穀物メジャーの戦略

旺盛な需要に追いつかない食糧生産

留意すべきは、穀物も戦略物資としての性格が強まる可能性だ。

シカゴ穀物市場では小麦価格が急騰している。2006年9月に1ブッシェル（約27・2キロ）4ドルを下回っていた小麦価格は2007年9月には8ドルを付け、1996年の7・7ドルを抜き、史上最高値となった。大豆やトウモロコシも騰勢を強めている。その背景には旺盛な消費に生産が追いつかず、世界の穀物在庫が取り崩されつつある、という構図がある。

2007年の秋、シカゴ穀物相場が再び騰勢を強めた。米中西部コーンベルト地帯の本格的な天候相場入りを前に、投機筋の買いが活発化したためだ。シカゴ大豆相場（期近）は、4月中旬の安値1ブッシェル（27・2キロ）＝7ドル20セントから上昇に転じ、11月には上値の節目である10ドルを突破した。これに連れて、トウモロコシも1ブッシェル（25・4キロ）3ドル半ばから4ドル弱へ下値を切り上げた。小麦も再び5ドルを突破し、9月には9ドル台後半をつけるなど1996年の7ドル70セントを上回り、史上最高値圏にある（図表17）。

最近の穀物相場の上昇の背後には、世界の期末在庫率の趨勢的な低下があり、穀物市場

図表17　シカゴ穀物相場（期近、月末値）の推移

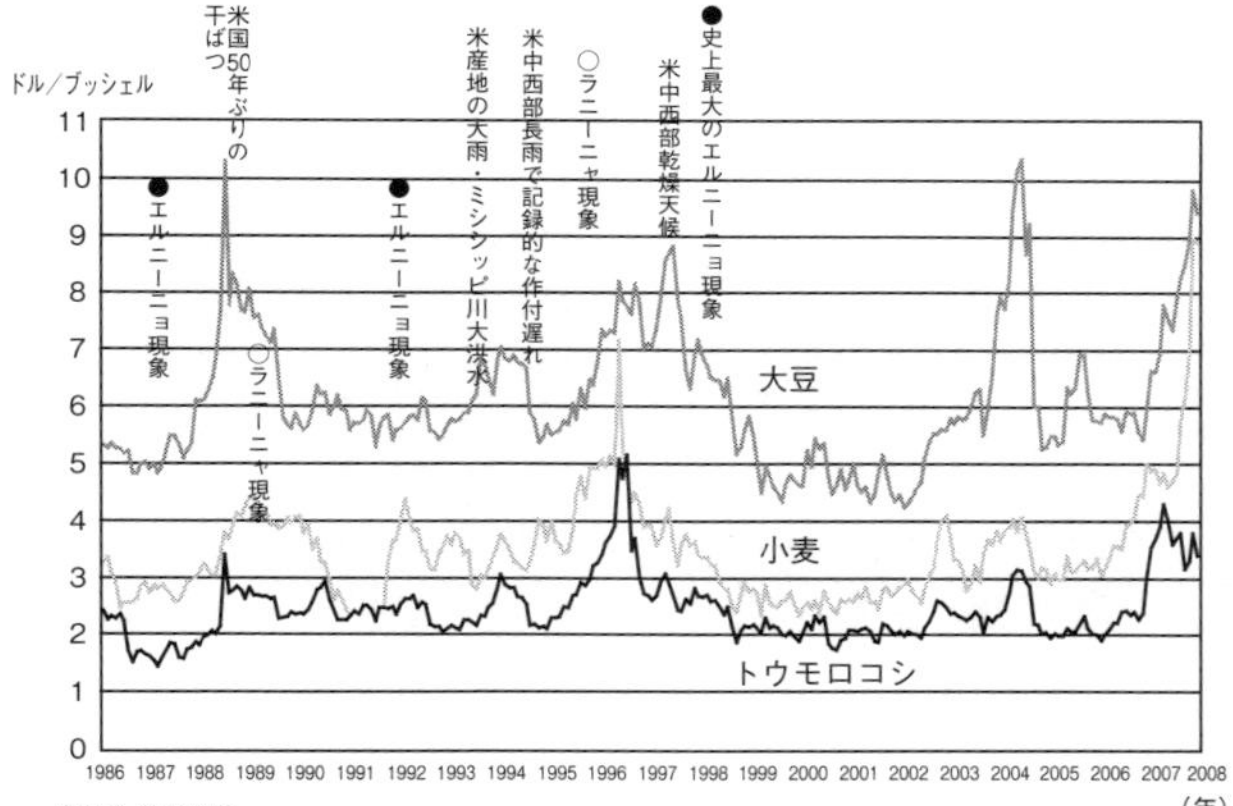

（出所）筆者作成

の脆弱性が強まっていることがある。世界では食糧の生産が拡大している。にもかかわらず、旺盛な需要に供給が追いつかず、在庫が取り崩されている。

特に２０００年以降、期末在庫率が急速に低下している。図表18は世界の穀物市場における長期的な需要、供給および期末在庫率（消費量÷期末在庫量）の推移を見たものだ。一般に市場における需給の状況、それが引き締まっているか、否か、それは期末在庫率の動きに集約的に現れる。

米農務省（ＵＳＤＡ）の需給報告（２００７年５月発表）によると、２００７～２００８年度（おおむね２００７年後半～２００８年前半）の世界の穀物の期末在庫率は14・5

図表18　世界の穀物需給および在庫率

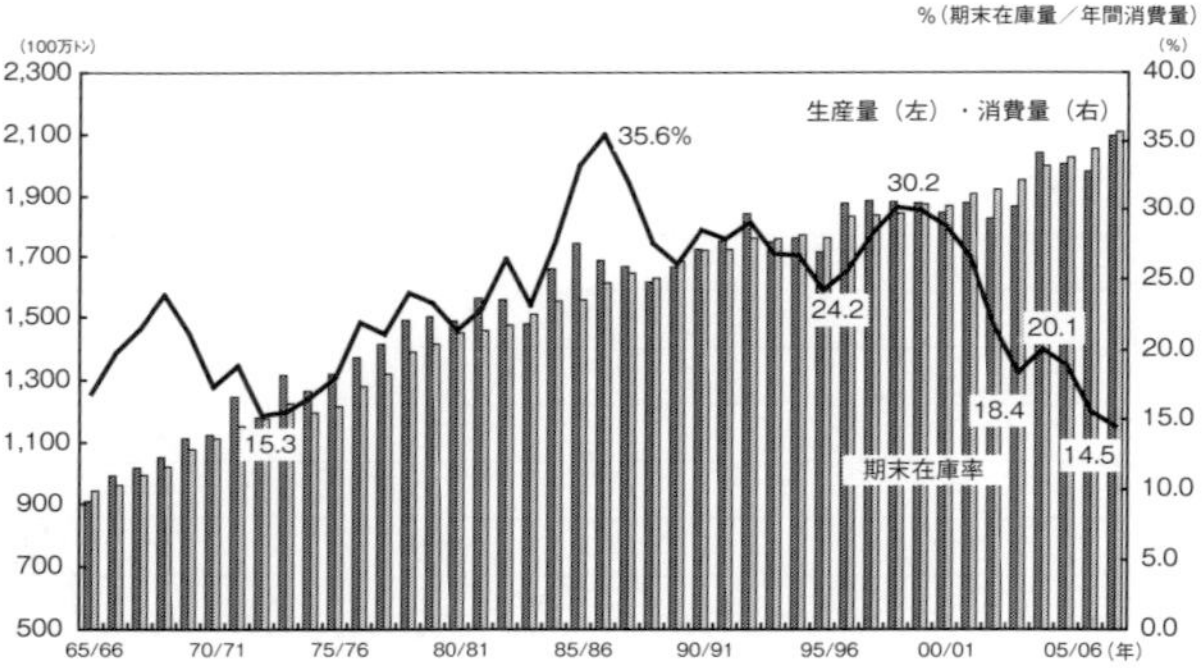

（出所）筆者作成

%と２０００年の30%台から急低下し、１９７０年代初頭のレベルさえ下回る見通しだ。

ところで、穀物の適正な在庫率は何%と見るべきなのか。穀物でも種類ごとに異なるが、１９７０年代、国連食糧農業機関（ＦＡＯ）は適正在庫について年間消費量の２カ月分に当たる17〜18%（小麦25〜26%、飼料作物15%、コメ14〜15%）という数字を示した。

これは食糧危機が騒がれた時代のもので、現在では情報の透明性や輸送技術、在庫管理などが整備されたことから適正在庫率は低下しているものと思われる。日本の商社の穀物トレーダーの間では、せいぜい10%の回転在庫さえ確保できていれば十分、という見方もある。

とすれば、当面は支障がないように見えるが、注意しなければならないのは、ここ数年、世界の穀物の期末在庫率が急速に低下しているという事実である。在庫が薄いということは、それだけ国際穀物市場が異常気象や水不足やＢＳＥ（牛海綿状脳症）や鳥インフルエンザなどの感染症といった突発的な事態による需給の変動に敏感になっており、価格の上昇が起きやすい状態にあることを示している。

個別作物で見た需給動向

需給逼迫の度合いは、作物の種類によってかなり異なる。小麦、トウモロコシ、大豆についてそれぞれ見てみよう。

まず小麦だが、世界の生産量は、１９７０年代の３億トン台から２００５〜２００６年度の６億２１８２万トンまでほぼ一貫して拡大してきた。この間、消費量も生産量に対応して増加し、１９７０年代から倍増している。しかし、２０００年代に入って世界の需給の構造に変化が見られるようになった。主要な生産国が干ばつに見舞われたこともあり、消費の伸びに生産が追いつかず、在庫が大きく取り崩されているのだ。２００１〜２００２年度末に35％近くあった期末在庫率は、２００７〜２００８年度には18・２％と20％を割り込み、過去最低レベルに低下する見通しである。

世界の小麦需要は極めて旺盛だ。中国やインドをはじめアジア各国では食生活が多様化し、小麦を主原料とするパン、即席ラーメン、パスタ、菓子類などの消費が急拡大しているためだ。

特にインドは2006年、国内の小麦不足を補うため、6年ぶりに輸入を再開し、2006～2007年度は630万トンの輸入を見込んでいる。同国では、近年まで国内生産の豊凶で限界的に輸出入を行う以外、ほぼ一国完結型の需給構造であり、国際市場に与える影響も限定的だったのだが、今後は小麦供給が不足している南部の諸州は北部から調達するより、むしろ輸入するほうが割安になることもあり、不足する分を輸入で補うことも予想され、恒常的な小麦輸入国となる可能性が指摘されている。

世界のトウモロコシ市場でも消費の急増に生産が追いつかず、世界の穀物在庫が取り崩されている構図は変わらない。

米国のエタノール向け原料需要の拡大、中国の輸出の減少、輸入の再開、世界的な小麦減産にともなう飼料用需要の拡大などのためである。

では、大豆はどうか。2006～2007年度の世界生産は、2億3368万トンで3

年連続拡大して過去最高となるなど、足元の供給は潤沢であり、世界の期末在庫量も６１８９万トン（同在庫率26％）と増加傾向にある。

これは、ブラジルとアルゼンチンの増産によるものであり、２００６～２００７年度はそれぞれ５８８０万トンと４５５０トンで、両国を合計すると米国の８６７７万トンを上回る。しかしながら、中国の輸入が３０００万トン（世界輸入量の44％）と拡大基調にあるのに加え、世界的なバイオディーゼル向けの需要拡大などから需給は今後、急速に引き締まる公算が大きい。

穀物をめぐる3つの争奪戦（国家間、都市間、農業と工業間）

世界的な穀物需給が引き締まるなか、新たな需給逼迫要因として懸念されるのが米国のトウモロコシ・エタノール生産の急増だ。

米国のブッシュ大統領は、２００７年1月の一般教書演説で「２０１７年までにトウモロコシを中心とするバイオ燃料を現在の50億ガロンから３５０億ガロンに拡大する」と公言した。これは大変な量である。ちなみに、1ガロンのエタノールを生産するのに必要なトウモロコシは０・35ブッシェルであり、３５０億ガロンでは１２２億ブッシェルの計算

図表19　米国トウモロコシの輸出およびエタノール需要

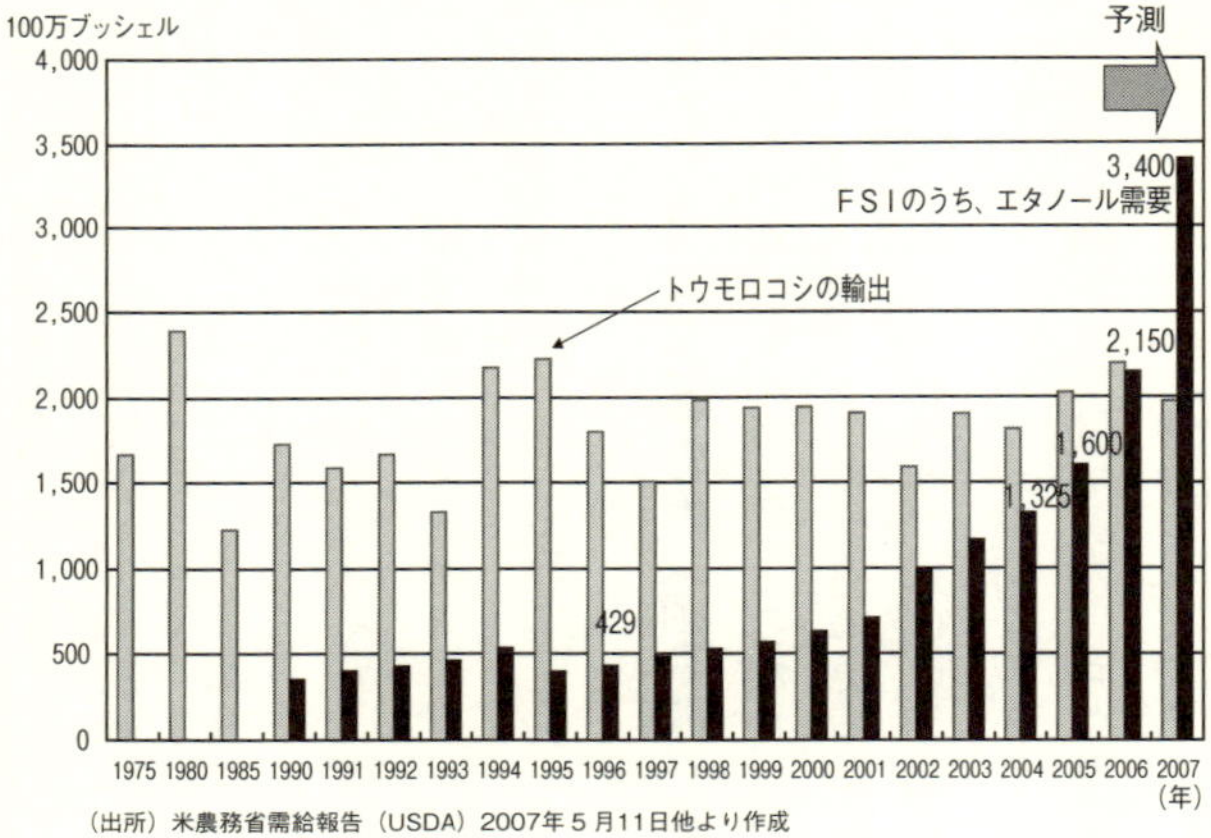

（出所）米農務省需給報告（USDA）2007年５月11日他より作成

となるのだが、これは現在のトウモロコシ生産量のすべてをエタノール向けに供してもまかないきれないほどの量であり、公約の実現性には疑問がある。

しかしながら、米国では原油やガソリン価格の高騰を背景に、エタノールの生産が急増しているのは事実だ。問題はこうしたエタノール生産の急増が、米国のトウモロコシの輸出余力の低下につながることである。すでに米国では２００６年の輸出がエタノール向け需要と並び、２００７年にはエタノール向け需要が輸出を大幅に上回り、生産量全体の27％に達する見通しだ（図表19）。

特に次のような理由から、将来的にはトウモロコシの需給逼迫が懸念される。

①米国のエタノール向け原料需要の拡大
②中国の輸出減少・輸入再開
③世界的な小麦減産にともなう飼料用需要の拡大

穀物需給の逼迫、価格の高騰という現象は、ここ数年の原油や非鉄価格の高騰と無関係ではない。その背景に、２０００年代に入って世界経済の牽引役が先進国からＢＲＩＣｓなどの新興国に移行したという変化がある。

いまや、世界経済を引っ張っているのは人口８億弱の先進国ではなく、人口30億の新興国経済なのだ。中国やインドなどの人口大国が本格的な工業化の過程に突入し、猛スピードで先進諸国へのキャッチアップを進めているが、急速な経済成長は急速な所得向上をもたらす。所得向上は、人々の食生活を変化させる。それは質の変化をともなう。所得が向上すれば、肉の消費量が増える。そのため家畜を育てるため、エサとして莫大な穀物が消費されるようになるのだ。

世界経済の爆発的成長は、食糧需要の飛躍的増大を招く。この結果、再生可能資源であったはずの食糧が急速に有限資源の色彩を帯びるようになってきた。食糧生産のために必要な水、土壌といった資源が有限性の性格を強めてきたのである。

そのため今後、世界では食糧をめぐって3つの争奪戦が激化する可能性がある。

第1は、国家間の争奪戦である。これまで米国は「世界のパンかご」として世界の食糧供給を柔軟に行ってきたが、国内市場の拡大によって輸出余力を失う一方、成長著しい中国がすでに新たな食糧輸入大国となりつつある。

今後、特に争奪戦が先鋭化しそうなのがトウモロコシ市場だ。これまで米国はトウモロコシ生産量のうち約4分の3を国内で消費して、残り4分の1を輸出に供していたのだが、近い将来、国内需要が9割近くに達し、輸出に回せる量が1割程度まで落ち込む可能性がある。

米国は世界のトウモロコシ生産の4割強、輸出量の7割近くを占める〝トウモロコシ大国〟であり、問題は米国の規模に匹敵する輸出大国が見当たらないことだ。それに加え、中国がトウモロコシの輸入国に転じた場合、限られたトウモロコシをめぐってアジア諸国が争奪戦を始めるのは必至である。

第2は、エネルギー市場と食糧市場との争奪戦である。急速に進む地球温暖化対策と原油価格の高騰を背景に、クリーンなガソリン代替材としてのエタノールに代表されるバイオマス燃料の導入が始まった。たとえば米国のトウモロコシ・エタノールや大豆油を原料とするバイオディーゼルの導入をはじめ、ブラジルではサトウキビ・エタノールの生産が急増している。欧州では菜種油を、また東南アジアではパームオイルを原料とするバイオディーゼルの生産が拡大しつつある。

こうしたエタノールブームの負の側面として、エネルギー市場と食糧市場の競合が指摘されるようになっている。エタノール需要の拡大は、原料であるトウモロコシの価格を高騰させ、貧困層の飢餓を拡大させる。また家畜の餌代にも跳ね返り、最終的には食肉価格を押し上げる、というわけだ。

ベネズエラのチャベス大統領は、バイオ燃料の増産が開発途上国の食糧問題を悪化させる、との警告を発している。

第3は、新興国における工業部門と農業部門との水と土の争奪戦だ。経済構造が農業中心から工業中心になれば、工業用水や生活用水、工場用地や住宅地が拡大する。その結果、工業に比べて付加価値生産性の低い農業は、しだいに限界地に追いやられていくことになる。

ちなみに、水の総需要量に対する農業用水の比率はアメリカでは約40％であり、日本は約60％であるが、アジアでは約70〜80％と高い。

特に、争奪戦が熾烈になると見られるのが中国だ。急速な工業化が進む中国では、北部を中心に水不足が深刻化しているが、この背景に工業化と都市化により非農業用水の需要が急増していることがある。トイレを例にとっても、汲み取り式を水洗トイレにするだけで水の使用量は倍以上になるのだ。

こうした食糧の争奪戦が激しさを増せば、国際市場で「カネさえ出せば食糧はいくらでも手に入ると思ってきた」日本人、「より高品質で安全・安心な食糧を求める」日本人が、食糧の買い付け競争で「買い負ける」可能性が出てきた。食糧争奪の問題は、市場メカニズムに任せるだけでは解決できない問題になるかもしれないのである。

エネルギー・鉱物資源の高騰に続く食糧価格の高騰を、忍び寄る食糧危機の前触れととらえるべきではないか。

日本政府は無作為であってはならない。いまこそ食糧自給率の向上、WTO（世界貿易機関）協定に基づく多国間協議やFTA（自由貿易協定）、農業技術、環境対応、人材育成など、あらゆる手段の組み合わせによる食糧の安定調達に向けた対応が急務である。

穀物市場の脆弱性

世界の穀物市場は以下の3つの特性から脆弱性が強く、価格変動が激しいのが特徴だ。

第1に、生産量に対し貿易量が10～12％と限られるため、輸出国の国内生産の変動を増幅するような形で反映される傾向があることだ。穀物市場は「薄いマーケット」といわれるが、供給の源泉が厚くなく、供給量が変動しやすいことが、そのゆえんだ。穀物は基礎食糧であり、基本的には国内消費が優先され、余った分が輸出という形で国際市場に供される。このため、世界的な不作時に貿易量を維持しようとすれば、国際価格が一段と高騰することになる。

ちなみに、米農務省（USDA）の需給報告（2007年5月発表、以下需給のデータは基本的に同報告のもの）によると、2006～2007年度の世界の穀物生産量は19億8532万トンに対し、貿易量（輸出量）は2億4658万トンで約12％である。

世界の穀物貿易量は、1980年から1990年代にかけて約2億トンで推移していたが、2000年以降、緩やかな増加傾向にある。この間、消費量は14億トン台から20億トン台へと4割以上増えている。

第2の特徴は、主要な輸出国が米国、カナダ、オーストラリア、南米、中国に限られることだ。トウモロコシでいえば、2006～2007年度の世界の輸出量8700万トンのうち米国が5588万トンで64％を占め、これに次ぐ主な輸出国はアルゼンチン（1450万トン）と中国（450万トン）くらいで、ほかに目立った輸出国はない。

大豆は、輸出量6917万トンのうち米国42％（2919万トン）、ブラジル37％（2560万トン）、アルゼンチン10％（770万トン）の3カ国で約9割を占める。

小麦は、米国23％（2477万トン）、カナダ18％（1950万トン）、オーストラリア10％（1050万トン）、アルゼンチン9％（950万トン）というように、伝統的な輸出国が輸出総量1億750万トンの6割を占める。

第3の特徴は、輸入する国も日本、韓国、台湾のアジア諸国などに偏っていることだ。トウモロコシの輸入量の約4割はアジアであり、特に日本の輸入は1620万トンで世界第1位である。大豆にいたっては日本（410万トン）と中国（3000万トン）の2国だけで輸入量が6853万トンと全体の過半を占める。小麦はアルジェリア、エジプト、ブラジル、日本などが500万トン以上を輸入するメインプレーヤーだ。

そして食糧そのものの価格だけでなく、それを運ぶための船賃にも問題が生じている。2000年代に入ると、国際穀物市場に構造的な変化が現れてきた。これまで2億トン強で推移してきた世界の穀物貿易量が拡大し、２億５０００万トン程度になったのである。

日本郵船調査グループは毎年、『海上荷動きと船腹需給の見通し』（日本海運集会所発行）を作成しているが、その２００６年10月版で、「穀物の海上荷動き量が２００４年以降拡大ペースを強め、それにともない必要船腹量も増大している」との見方を示している。

変化は量の拡大にとどまらない。大豆やトウモロコシなどで、南米のブラジルやアルゼンチンが米国に匹敵する一大生産・輸出国として台頭してきたことで、主要な国際穀物貿易の流れが大きく変わった。これまでは、米国〜中国・アジア航路を中心とする流れだったが、南米〜中国・アジア航路を中心とする流れへシフトしつつあるのだ。

穀物貿易の「量の拡大」と「輸送距離の拡大」との相乗効果により、船腹需要が一気に拡大している。過去四半世紀にわたり、２億トン強、米国から中国・アジア向け航路という荷動きが中心だったが、もはやそれを前提とする船腹供給では急拡大する需要に追いつけず、その結果、海上運賃が跳ね上がっているのだ。

事実、２００３年を境に、穀物の運賃市況は急騰している。それまで過去20年以上にわたって、トン当たり20〜30ドルで推移してきた穀物の海上運賃は、２００３年より騰勢を強め、２００７年に入ってからは１００ドルを超えている。

不安定化するロシアの穀物生産

脆弱性を抱える世界の穀物市場に、地球温暖化が追い討ちをかけかねない。とりわけ、乾燥および半乾燥地域の農業は、降水量次第になるため極めて不安定となる。その一例がロシアだ。

1991年のソ連崩壊後、ロシアでは計画経済から市場経済への移行の過程で、農業分野でもドラスチックな改革が進められた。ロシアの主要作物は小麦、大麦、ジャガイモだ。旧ソ連崩壊前の1985〜1990年の5年間の平均生産高は1億430万トンで、このうち小麦4350万トン、大麦2410万トン、ジャガイモ3590万トンであった。ロシアの小麦生産を長期的に眺めてみると、1980年代後半にかけて小麦生産は順調に拡大し、90年に5000万トン弱のピークを記録した。

しかし1990年代に入ると、増減産を繰り返しながらも、基本的には減少傾向をたどり、1998年には2700万トンと1951年以来40年ぶりの凶作となった。その要因は1991年のソ連崩壊後、計画経済から市場経済への移行の過程において、農業分野であまりにも急激な改革が進められたことが挙げられよう。

特に、急速な体制移行の過程で発生したインフレによって、農産物の消費が減少するとともに農業生産資材の価格が高騰し、このため肥料や農薬などの生産資材の投入や作付面積が減少した。それに加えて、１９９７年から翌年にかけ2年連続で大干ばつに見舞われたこと、また通貨ルーブルの危機にともなう経済の混乱により収穫用の農業機械や部品、燃料、肥料など農業資材の価格が急騰し、これらの投入が不足したことも要因だ。

このような状況に対して、プーチン大統領は２０００年に入って次々に対策を打ち出した。まず農業生産力を引き上げるため、農家に対し資金調達支援を行い、土地所有権を確立し、抵当権を設定することで農地の流動化・集約化を進めたのに加え、肥料、農薬、機械の投入増を図った。その後、２００2年には小麦の生産は４９５０万トンと穀物全体の55％に達し、旧ソ連時代の１９８０年代のレベルを回復している。

ただ、これをもってロシア農業における１９９０年代の構造改革が奏効し、持続的な成長過程に入った、と断ずるのは時機尚早といえよう。むしろ、ここ2～3年の生産回復は政策要因より、たまたま天候に恵まれたことによるところが大きいともいえる。

今後、いくつかの点からロシアの小麦生産は長期的に見て脆弱化し、不安定性を増していく可能性が高い。

まず、１９９０年代を通じて現在に至るまで、作付面積が減少する傾向にある。小麦の作付面積は1995〜1997年にかけて2500万〜2600万ヘクタールで推移していたものの、その後1998〜2001年にかけて2300万ヘクタール前後まで減少し、2002年は若干増加したものの、2003年には2200万ヘクタール程度まで減少している。したがって、この間の小麦生産には、化学肥料や農薬などの投入増により単収アップが寄与したことを示している。

しかも、ロシアの農家の収益は悪化傾向にある。生産増により余剰在庫が1000万トン以上に達し、価格が大きく値下がりする一方、生産コストが引き続き上昇しているためである。ちなみに、2002年の電気料金は前年比134%、石油製品は125%、ガス料金は130%上昇するなど農業生産コストの高騰を招いた。

こうした収益率の低下は農業投資を減少させ、農業の粗放化を促すことから将来的な生産基盤の脆弱性を高めることが問題だ。

ロシアの農業の問題点として、穀物生産の中心が伝統的に集約的な農業が行われ、高水準で安定した収量が見込まれるカフカース地区から粗放的な農業が行われ、天候によって生産が大きな影響を受けがちなヴォルガ、沿ウラル地区にシフトしていることも指摘されている。

この結果、ロシアの穀物生産は天候に恵まれれば豊作となり、天候不順であれば大きく減退するといった不安定な構造になっているといえる。

ロシアにおいては、こうした穀物生産の不安定性の高まりが直接、国内食糧需給の不安定性につながるわけではない。年間の穀物消費必要量は約７０００万トンと１９９０年代に入って畜産の飼養頭数が大きく減少し、飼料用穀物の需要自体が落ち込んでいるためである。１９９０年から２０００年にかけて牛の飼養頭数は５８８０万頭から２７５０万頭へ、豚は４０００万頭から２１２６万頭へとほぼ半減している。これにともないロシアでは、１９９０年代に入って食肉輸入量が拡大している。

これは何を意味するのか。

ロシア農業は、畜産物の飼養頭数を減らすことによって輸入を含めた必要な飼料需要を減退させ、余力があれば輸出に回すことで全体を調整するといった構図にあるといえよう。かつて社会主義体制時代、米国などから年間３０００万～４０００万トンの飼料用穀物を輸入していたロシアにとって、こうした現状は発展といえるものなのか。将来、国内において畜産振興の必要が生じれば、ロシア農業の脆弱性が一気に表面化することになろう。

しかもロシアでは、豊作の年は在庫と生産量を合わせた昨年の穀物総供給量は１億トンを超え、国内需要を1500万～2000万トン上回る格好となる。問題は穀物生産が急増しても、そこに品質の向上が見られないことだ。特に小麦の場合、昨年の総収穫量に占める高品質小麦の割合は、65％と前年の69％から低下している。

こうした供給過剰と品質低下は、飼料用となる低級品小麦の輸出急増圧力となる。これが、国際マーケットにおける不安定要因となる。ちなみに、2001～2002年度のロシアの穀物輸出量は過去50年間で最高の530万トンに達した。もっとも余剰穀物の輸出にあたって、次のような理由から年間輸出量は500万～700万トンが限界といわれている。

①港湾における輸出能力が低い
②穀物の主要な輸出先市場に近接した海港が少ない
③従来の黒海沿岸の隣国ウクライナを経由した輸出は、同国でも余剰穀物が発生していることから競合してしまう

このため、出口をなくした余剰穀物が、国内価格をさらに押し下げるという事態を招いている。ロシアは社会主義体制時代には、米国などから年間3000万～4000万トン

の飼料用穀物を輸入していたが、その後、市場経済移行期の経済混乱のなかで家畜飼養頭数が大幅に減少したのにともない、飼料穀物の需要も大きく減少したことから、穀物生産量の落ち込みにもかかわらず、穀物輸入は年間２００万トン台と低水準である。

これらから考えて、ロシアの穀物生産力の量的拡大は今後、干ばつなどの悪天候が重なれば、豊凶の差が拡大する可能性が強く、世界市場にとっては大きな撹乱要因といえそうだ。

見えてきた穀物メジャーの戦略

主要な穀物の輸出国は米国、カナダ、オーストラリア、南米のブラジル、アルゼンチンなどだが、輸出を取り仕切っているのは大手国際穀物商社、いわゆる穀物メジャーである。

穀物メジャーを定義すれば、基礎的食糧として安定的な貿易量の維持が必要とされる国際穀物マーケットにおいて、過剰な地域から不足の地域へと国際的なスケールで食糧取引を行う企業といえよう。

穀物メジャーは内陸の産地穀物倉庫（カントリーエレベーター）、集散地穀物倉庫（ターミナルエレベーター）、トラック、鉄道貨物、はしけ、港頭輸出倉庫（シーボードエレベーター）、外洋輸送船などを所有している。つまり、生産者から海外の消費者に通じる〝穀物のパイプライン〟をしっかり握っているのだ。

特に、産地における分散した小口の生産者から穀物を大量に集荷し、それらをまとめて大口の規格品に仕立て、そのスケールメリット（規模の利益）を活かすことによって、年間を通じて安価な穀物を国際市場に大量に供給できるのが穀物メジャーの強みだ。生産者が大型トラックで運び込んでくる小口の穀物は品種、重量、品質、水分、容積重、夾雑物の混入率などいろいろな点で異なる。穀物メジャーは、これらの小口貨物を米農務省の品質基準に合うようにまとめ、貨車1両とか、はしけ1杯などの単位数量に仕上げるのである。小口の穀物を品質基準に合うようにまとめ上げることを「グレーディング」といい、穀物メジャーの主要な機能の1つとなっている。

穀物メジャーは、加工部門にも進出している。小麦からは小麦製粉、大豆からは大豆油や家畜の飼料、トウモロコシからはコーンスターチや配合飼料の生産を行っているが、さらに最近では、トウモロコシからエタノール、大豆からバイオディーゼルといった新たな製品の生産にも参画するようになっている。

穀物メジャーは、多くの点で石油におけるオイル・メジャーと類似しているが、決定的に異なる点がある。オイル・メジャーが、自ら原油の生産を手がけるのに対し、穀物メジャーの場合、自らは穀物の生産者になろうとしないことだ。

これは弱点ではない。むしろ、価格変動や天候異変などのさまざまなリスクを回避できる意味において強みといえる。

穀物メジャーの主要な機能をまとめれば、次の４つである。

①生産者から小口の穀物を大量に集荷し、それらをまとめて大口の規格品に仕立てる
②規格品の穀物を大量に輸送し、輸送コストを削減する
③年間を通じて、安価な穀物を国際穀物市場に大量に供給する
④輸入国の市場環境や需要動向を探索し、穀物の流通を合理的に調整する

穀物メジャーの存在が広く世界に知られるようになったのは、１９７０年代初めの旧ソ連への大量穀物輸出がきっかけだった。当時、米系のコンチネンタル・グレイン、カーギル、クック（１９７９年に倒産）、オランダ系のブンゲ、フランス系のルイ・ドレフュス、スイス系のアンドレ・ガーナックの６大穀物メジャーは穀物輸出ブームのなかで自らの取扱量を飛躍的に拡大させた。

しかし、1980年代に入ると、一転して米国の農業不況下で企業再編が進み、ADM(アーチャー・ダニエルズ・ミッドランド)、コナグラなどの新興勢力が食品加工分野から台頭してくる。さらに、1990年代の経済のグローバル化を背景に、スケールメリットとコア(中核)事業への特化を狙いとした再編が加速する。

1998年にはカーギルがコンチネンタル・グレインの穀物部門を買収したが、これによりコンチネンタル・グレインは畜産事業に特化することになり、その結果、穀物メジャーは伝統的な穀物商社のカーギルおよびブンゲと搾油業や小麦製粉業などの食品加工業を由来とするADM、コナグラの大手4社に集約された。

これら穀物メジャーは、どれくらいの割合の穀物を取り扱っているのか。1997年とやや古いデータになるが、前述の4社にコンチネンタル・グレインを加えた大手5社の米国の穀物流通の各段階におけるシェアは、産地集荷段階で約3割、内陸部の中間流通段階で約5割、輸出段階では約7割、一時加工段階では5割以上を占めている。

2000年代に入ってから国際的な穀物のマーケットの需給、貿易の構造はドラスチックに変化したが、それは圧倒的な力を持つ穀物メジャーにとっては、新たな商機を見出すチャンスでもある。

図表20　世界の穀物貿易量および貿易比率

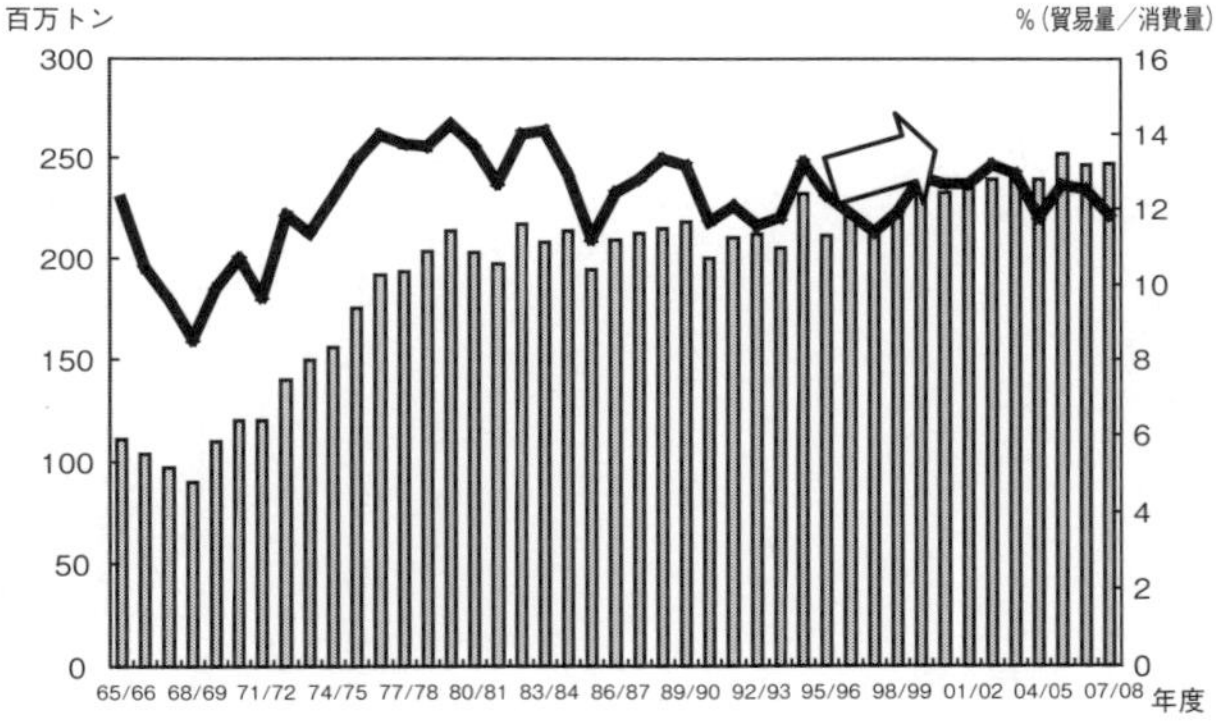

図表20のように、世界の穀物貿易量は１９７０年代の1億トン前後から2億トンへ倍増した。旧ソ連やアジア諸国の輸入急増で世界的な食糧危機が発生し、穀物価格が暴騰したのを受け、世界の穀物生産が10億トンから15億トン前後まで急拡大したのである。その後、穀物貿易量は30年以上にわたり、２億トン前後で推移してきたのだが、２０００年代に入って、南米のブラジル、アルゼンチンにおける増産により2億３０００万～2億４０００万トンへ拡大した。これにともない大豆、トウモロコシ、小麦の貿易の流れも大きく変化しているのだ。

２０００～２００1年度と２００６～２００７年度の各穀物の貿易量を比較してみると、

穀物ごとの貿易の特徴が分かる。

トウモロコシについていえば、3つの特徴を指摘できる。

①米国、アルゼンチン、中国で2006～2007年度の輸出量の9割近くを占める

②輸出量自体は8585万トンから8645万トンとほぼ横ばいだが、米国、アルゼンチンの輸出が拡大する一方で、中国の輸出が600万トン近く減少している

③輸入面では、日本の1660万トンをはじめ韓国、ASEANなどアジア地域が4割弱を占める

大豆については次のことがいえる。

①米国、ブラジル、アルゼンチンの3カ国で2006～2007年度の輸出量の約9割を占める

②輸出量が5364万トンから6963万トンへ1599万トン拡大しているのは、ブラジルとアルゼンチンの輸出拡大が大きい。両国政府は、大豆を輸出商品として国が育成している

③輸入面では、中国の輸入が1038万トンから3150万トンで3倍となっている

小麦についていえば、輸出量が1億522万トンから1億904万トンへ382万トン拡大しているが、これは主にカナダとアルゼンチンの輸出拡大によるものだ。一方、ＥＵやオーストラリアの輸出は減少している。

穀物需給構造の変化を受け、穀物メジャーはどのような戦略を取ろうとしているのか。最近の動きから次の３点が見てとれる。

第1は、伝統的な穀物の輸出基地であり、圧倒的な生産力と輸出力を持つ米国の国内で集荷力と販売力を強化し、国内市場における専有率を高めることである。穀物加工事業においては、戦略的買収で事業を拡大する。あるいは、大規模で高能率の最新鋭工場に生産を集中し、老朽化した低能率の小規模工場を閉鎖するなどの戦略を取っている。

第2は、穀物生産・輸出量が近年、飛躍的に拡大しているブラジル、アルゼンチンにおける集荷体制および輸出拠点の確保だ。具体的には、穀物集荷網を張り巡らすと同時に、輸出エレベーターを所有して穀物の輸出能力を強化し、大豆搾油会社を買収して生産事業に進出する。それにより、搾油原料である大豆とその製品の大豆油や大豆ミール、双方の輸出体制を作ることだ。特に、収穫時期で半年間のズレ（注2。170ページ参照）がある北米と南米で、一貫穀物供給体制を築き上げることができれば、穀物メジャーは年間を通じて世界の市場に競争力のある穀物を安定的に供給できるようになる。

第3に、需要面では伝統的な穀物輸入国である日本、韓国、台湾、東欧諸国に加えて、すでに穀物輸入が急速に増え、将来的にも輸入拡大が期待できる中国・東アジア諸国など新興市場へ進出し、販売拠点を築き上げることだ。それらの販売拠点を通じて穀物輸出を増加させれば、進出先でとれる選択肢として次のようなことが考えられる。

①配合飼料工場を建設し、飼料生産や畜産事業に乗り出す
②製品や搾油事業などを立ち上げる
③肥料の販売に乗り出す

なかでも、大豆を中心に年々輸入が急拡大している中国市場に販売拠点を構築することは、将来の事業拡大のため不可欠となっている。ただ、中国については成長が見込める市場とはいえ、政府の介入も多く、市場としての不確実性が高い。そのため、穀物メジャーにとって日本市場の重要性は今後とも変わることはないと見られる。

わずか5種類の作物に食糧供給の50%を依存する危うさ

さて、人類はどのような食糧に、どの程度依存しているのだろうか。

国連食糧機関（ＦＡＯ）の農産物生産統計から、すべての食料の生産量を計ったデータを見ていくと、２０００年の統計で若干古いが、基本的には小麦、コメ（籾ベース）、飼料穀物（トウモロコシほか）に油糧種子（大豆）、根菜類（イモ類）、野菜、果物にコーヒーや茶などの嗜好飲料など、すべての食糧を加えた世界の生産高は43億９８００万トンとなる。そして１９９０年代後半以降、40億トン台前半でほとんど増えていないことが分かる。しかも、このうち〝6億トン作物〟といわれるコメ、小麦、トウモロコシ、ジャガイモなどの根菜類、および大豆という5種類の作物生産だけで20億トンを超え、全体の半分を占める。人類は世界の食料生産の半分を、これら特定の作物に依存しているのだ。

食用植物は約３０００種類あるといわれるが現在、商業ベースに乗って生産されているものは約１５０種類しかないとされる。しかも、このうちのわずか5種類の作物に人類の食糧が大きく依存している現状は、安定しているようで実は不安定なのではないか。

農業の歴史は「植物の単純な相を作ることを目指してきた歴史」だ。すなわち、植物遷移の若い相の特性を利用することで生産性を高めてきたのだが、それだけに自然環境の変化に対して脆弱化しているのではないだろうか。雑草と一緒に食糧生産した場合、異常気象などに対して比較的安定しているものの、洗練されたハイブリッド（高収量品種）の作物を生産しているので、ちょっとした気候変動に対しても脆弱で、生産が振れやすくなる。

このため、地球温暖化や大豆さび病などの感染症の広がりを考えた場合、現在の特定の作物に大きく依存するという構図は注意が必要だ。

注2　穀物輸出国として台頭してきた南米のブラジルやアルゼンチンでは、新穀の小麦が12月末から、大豆やトウモロコシが3月末から出回ってくる。世界最大の輸出国である米国の新穀の出回り時期とは約半年の時差がある。南米では、慢性的に穀物保管能力が不足しているため、収穫された新穀は一時期に集中して出回ってくる傾向がある。その結果、収穫期に供給圧力が高まり（ハーベストプレッシャー）、新穀が大幅に値下がりすることが多い。値下がりした大豆やトウモロコシは国際市場で最も競争力があるようになる。そこで穀物メジャーは、低価格を販売上の武器として輸入国へ売り込みをかけるのである。

第6章　水の超大量消費国・日本はどうすべきか

バーチャルウォーター貿易

穀物貿易について縷々《るる》述べてきたのは「バーチャルウォーター」について述べるためだ。バーチャルウォーターとは、「仮想水」あるいは「間接水」と訳されることもある、1990年代前半から使われだした言葉だ。

最初に使ったのは、英・ロンドン大学東洋アフリカ研究所のトニー・アラン教授とされる。彼は中東の地政学者だが、「国土の大半が砂漠で、水が不足しているはずの中東諸国が深刻な水不足に陥らず、水をめぐる紛争や戦争が起きないのはなぜか」と疑問を持った。これに対する答えが、バーチャルウォーターという概念だった。彼によれば「乾燥地帯の中東は一見水不足のように見えるが、実際には他国で大量の水を使って生産した農産物を輸入しているため水資源が乏しくても水不足に陥らない」ということになる。

この考え方をもとに、国連は主要農産物について1キログラムの生産に必要な水の量を、図表21のように算定している。穀物は平均で1キログラム生産するために約1000リットルの水を要する。牛肉の場合、1キログラムに15・98トンもの水が必要だ。これは家畜の飲み水だけでなく、エサとなる穀物を育てるためにも大量の水が使われるためだ。

世界の穀物需給が逼迫し、主要な農産物生産国で水不足が進行するなか、いよいよ重要

図表21　農畜産物生産に必要な水資源

製　品	1kg生産に必要な水(リットル)
小麦	1,150
コメ	2,656
メイズ(トウモロコシ)	450
ジャガイモ	160
大豆	2,300
牛肉	15,977
豚肉	5,906
鶏肉	2,828
卵	4,657
牛乳	865
チーズ	5,288

出所：国連　世界水発展報告書 2006（原典： Hoekstra, 2003.）

になっているのが農産物の貿易だ。食糧としての、かつ農産物に姿かたちを変えた水資源としての農産物の貿易を活発にしていくことになろう。

農産物の貿易は今後、単に世界各国の食糧不足を補うばかりでなく、水不足をも補うかたち、極端にいえば「作物の水分含有量」で決定されるようになるかもしれない。いわば「農産物の貿易」イコール「水の貿易」であるというバーチャルウォーターの発想である。こうした変化は、すでに穀物貿易で顕在化しつつある。

日本で農産物輸入についてバーチャルウォーターという視点を先駆的に取り入れたのは、東京大学生産技術研究所の沖大幹教授とその研究グループだ。沖教授らは、主要な穀物を生産するのに必要な水量について、平均的な栽培期間や収量を想定したうえで算定した。その結果は国連の数字よりかなり大きく、トウモロコシや小麦で、1キログラム生産するのに約2000リットル（2トン）、大麦・大豆で2500〜2600リットル（2・5〜2・6トン）、コメの場合は3600リットル（3・6トン）となる。沖教授によると、欧米の農業は大規模経営のため、単位面積当たり収量が違うから、ということだ。

そこで、日本が2000年度に輸入したことになる農産物の輸入量とバーチャルウォーター係数を掛け合わせて、バーチャルウォーター貿易の総輸入量を算定してみると、650億立方メートルとなる。ちなみに、日本国内の年間の灌漑用水の使用量が570億立方メートルだから、バーチャルウォーターの輸入はこれを大きく上回ることになる。日本は水資源総量では比較的恵まれていながら、多くの水を海外に依存しているのだ。

日本以外のバーチャルウォーター純輸入国は、ドイツが1080億立方メートル、イタリアが890億立方メートル、イギリスが640億立方メートル、韓国が390億立方メートルである。

世界の水に支えられる日本

バーチャルウォーター輸入量は、国家を比較するうえでは示唆に富むが、数字自体が大き過ぎるのでイメージしにくいのではないだろうか。具体的なイメージを持っていただくため、身近な数字に置き換えてみよう。ここでは、１人当たり年間水資源量という尺度を用いてみたい。

前述のように「水ストレス」、すなわち、人々がどの程度の水不足状態にあるか判断する指標として、「年間1人当たり利用可能な水資源量」（ＡＷＲ：Annual Water Resource）という指標が用いられる。

それぞれの国で農業、工業、エネルギーおよび環境に使われるＡＷＲはおおよそ１７００立方メートルで、それに満たない場合、「水ストレスにさらされている」と判断される。ＡＷＲが１０００立方メートルを下回る場合、水不足が人々の健康や経済開発、福祉を阻害し始め、５００立方メートル以下の水準は、水の入手可能性が生存にとって最優先事項となる、とされる。

国連の『人間開発報告書２００６』によれば現在、43カ国の約7億人がＡＷＲ１７００立方メートル以下で、水ストレスを感じる生活をしている。

図表22は、水資源の使用形態を見たものだ。水資源の用途は、農業用水と都市用水に分けることができる。そして、都市用水は生活用水と工業用水に分けられ、さらに生活用水は、飲用水や調理、洗濯、風呂、水洗トイレなどの家庭用水と都市生活用水に分けられる。都市生活用水は飲食店、ホテル、デパート、プールなどの営業用水と公衆トイレ、消火用水などの公共用水からなる。

『平成17年版　日本の水資源』（国土交通省）によれば、2002年における日本全国の水使用量は835億立方メートル。用途別では農業用水が約533億立方メートルで71％、生活用水が約126億立方メートルでわずか17％となっている。

では、世界で水ストレスの分岐点となる1700立方メートルの水資源量は、具体的にはどのような使われ方をしているのだろうか。

沖教授によれば、飲み水のかたちで消費されるのは年間1人当たりせいぜい1立方メートル程度であり、生活用水も100立方メートル、工業用水にしても100立方メートル程度である。工業用水の使用量が意外に少ないのは、工場の再生利用率が高いためだ。日本の製鉄業の場合、水使用量の80～90％が再生処理された水なのだ。

それらに対して圧倒的に多いのが、食糧生産のために使われる農業用水だ。途上国では

図表22　日本の水の使用量

単位：億m³／年　（注）データは2002年

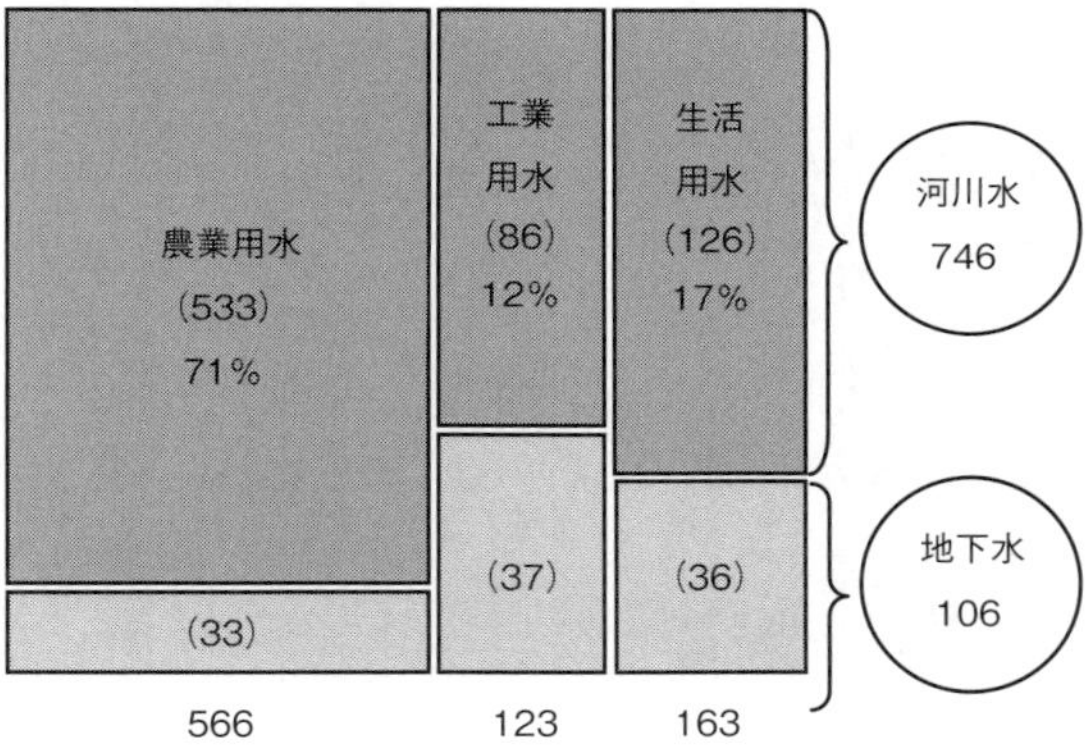

（出所）国土交通省「平成17年　日本の水資源」

500～1000立方メートル、先進国では1000～2000立方メートルにも達する。世界におけるAWR（年間1人当たり水資源量）の大半は、食糧生産のために使われているのである。このことは、水ストレスが「食糧生産の減少＝食糧不足の問題」という形で顕在化することを意味する。

では、日本のAWRはどのようなものか。沖教授の算定によれば、日本で1人当たり1年間に利用される水は飲み水、生活用水、工業用水、農業用水を合わせて731立方メートルだという。不思議なことに、水ストレスの基準であるAWR1700立方メートルを大きく下回るばかりか、極度の水ストレスの指標AWR1000立方メートルさえ下回る数値だ。しかし、日本は慢性的な水不足という状況にはない。これは一体どういうことか。

実は、我が国は年間1人当たり500立方メートルもの水を、食糧の形で海外から輸入しているためなのである。日本が輸入した食糧を作るため、世界で使われた水の量を踏まえて計算すれば、日本のAWRは1230立方メートルということになる。

要するに、日本は膨大な食糧を海外から輸入しているからこそ、国内の水資源をそれほど使わずに済んでいるということだ。言い換えれば、食糧輸入を介しての世界の水に依存しているのが我が国なのである。

かつて日本は、先進国の仲間入りを果たそうと工業化を推し進めた。農業は後回しになり、食糧は輸入に多くを頼るようになった。しかし同じ先進国でも、米国、カナダ、フランスなど日本以外の多くは食糧の輸出国なのである。

日本以外に大量の食糧を海外に依存しているのは、中近東や地中海沿岸の乾燥地帯の産油国だ。これらの国々は、いわば石油を売って水を輸入しているようなものだ、ということから「バーチャルウォーター貿易」という表現が生まれたわけだが、実は日本も砂漠にある国々と同じようにバーチャルウォーター貿易で世界中の水資源を消費しながら、自国の食糧をかろうじて確保しているのが実情なのである。

難しい日本の河川管理

南米ブラジルやオーストラリアなどを訪れたとき、現地を流れる川を見て、つくづく日本の川との違いを感じさせられたことがあった。目の前の川をしばらく眺めていても、一体どちらに流れているのか分からないのだ。

水源から流れ出た雨水や地下水が河川に集まり、海に流れ込むまでの時間は河川の長さや勾配によって異なるが、日本の場合は平均13日といわれる。日本の河川は急勾配で短いことから、降水量の3分の1がそのまま海に流れ込んでしまう。こうした地形的な要因に加え、6月の梅雨期、8～9月の台風シーズンなどの気象的な要因からしばしば水害が起きている。

古くは1856年、江戸に大型台風による水害で被害甚大の記録がある。明治になってからは、1896年に新潟で大洪水。流失破壊家屋は1万余戸、浸水家屋6万余戸、死傷者78人。1899年には、西日本に大暴風雨があり、別子銅山では山崩れで584人死亡。岡山県で982人、香川県で340人が死亡するなどの甚大な被害を出している。大正時代では、1917年に近畿・東海・関東地方を襲った大暴風雨で、死者・行方不明約13

00人に達し、大正時代最大の水害となった。

一方、1934~1935年にかけて、深刻な干ばつも記録されている。熊本県では、干天に苦しむ農民が水利問題で知事室に乱入。東北地方では、凶作により食糧難が深刻化、秋田県の欠食児童救済のため、イナゴ・ドングリなどの調理研究を行っている。

日本は昔から、水害と干ばつに苦しんできた。前述した要因から、河川の水量が年間を通じて安定しないためでもある。河川の水量が安定しているかどうかを示すものに「河況係数」という指標がある。これは、1年間の河川水量の最大値と最小値の比だ。すなわち、「河況係数=最小流量に対する最大流量の割合」である。河況係数が大きいほど水量が安定せず、洪水を起こしやすいと同時に渇水も起きやすい。

日本の川の河況係数は四万十川で8920、すなわち年最大水量と最小水量の比率が8920倍もある。ほかにも筑後川で8671、黒部川5075、石狩川573、最上川423、信濃川117、淀川114と総じて高い。筆者の故郷・栃木を流れる蛇尾川は、普段は水が流れていない水無川だが、これなどは降雨時に水が勢いよく流れることから河況係数は無限大といえよう。

これに対して、南米やオーストラリアの川もそうだが、ヨーロッパやアフリカ大陸の河況係数は極めて小さい。セーヌ川は34、ナイル川で30、ライン川18、テムズ川などは8、ドナウ川は4しかない。

水管理は「押し込める」方式から「なだめる」方式へ

ヨーロッパの川に比べて、日本の川の河況係数が極めて大きいということは、それだけ日本においては河川の水量変化が著しく、洪水を防ぐことと、水を利用することを両立させることが難しいことを意味する。実際、水資源の80～90％を河川水に依存している日本では、いかにして年間を通じて安定的に水を供給できるようにするかが重要な課題だった。これを図表23「河川水開発のイメージ」で見ていただきたい。

日本における河川流量は季節によって、図表23のAとBのように大きく変動する。また、年によっても流量は大きく変動する。こうした河川流量の変動にかかわらず、年間を通じて河川水を安定的に利用できるようにすること、それが課題となる。通常、河川水は、年間を通じて安定的に流れる水量と不安定な水量A、Bに分かれる。このA、Bの部分をダムや堤防などの水資源の開発により新規水量としていかに安定化させるかが、河川水利用の基本であり、そのための方法に日本の水資源開発の思想が色濃く現れることになる。

図表23　河川水開発のイメージ

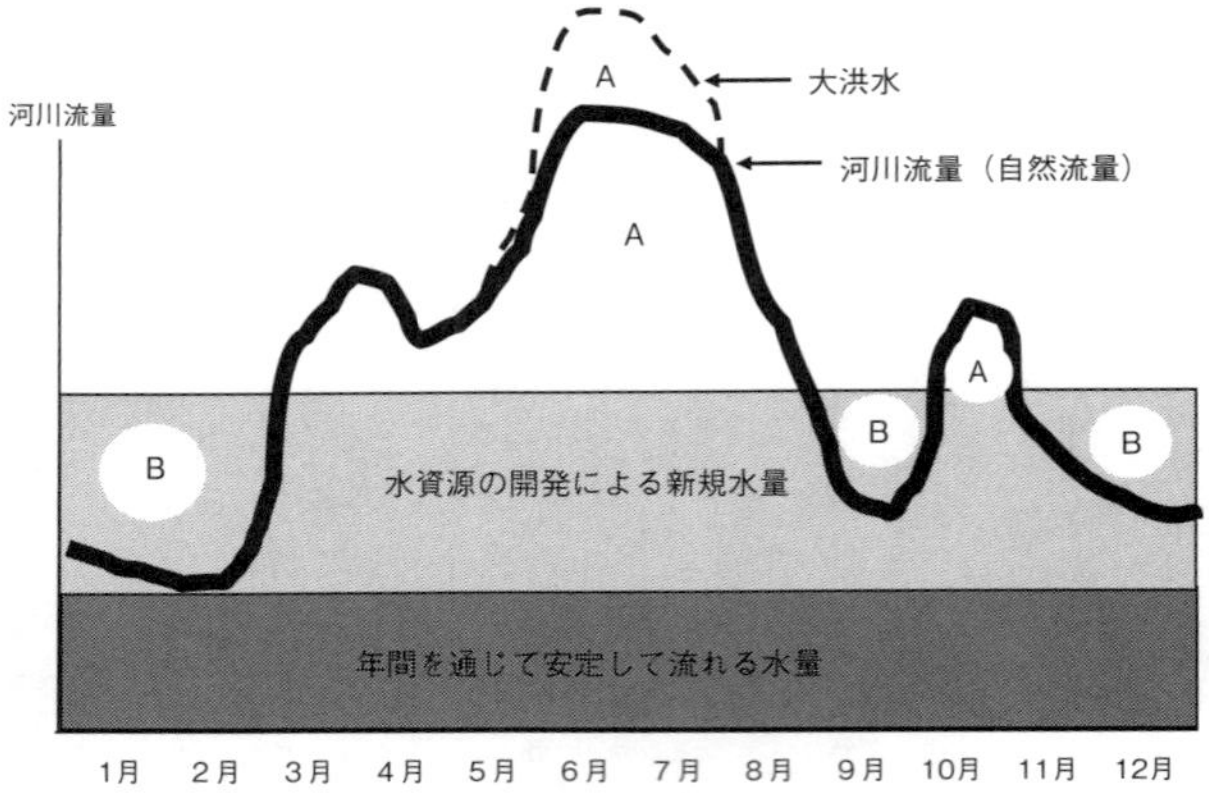

（出所）国土交通省「平成19年版　日本の水資源」より筆者作成

この年間流量の安定化を狙ったのがダムだ。日本では、治水・利水対策など水を安定的に供給するシステムとして過去、多くのダムを建設し、新規の水資源を開発してきた。また、河川には堤防が造られていった。水をとらえ、貯え、徐々に供給する。そのためダム建設こそ、急勾配の日本の土地に流量の安定的な日本の川に、どれほど必要な自然の機能として期待されたであろう。

この点、高橋裕氏の『都市と水』（岩波新書）に、日本の水資源開発の方式についての変遷が詳しく紹介されている。高橋氏によると、明治時代以降進められてきた日本の多目的ダムや堤防の建設といった水資源開発方式は、低水工事と高水工事に分けられる。

低水工事とは江戸時代に見られた方式で、農業用水の確保と下流部の舟運とを目的とし、河道を固定して流量の安定に最大の配慮が図られるものである。

一方、高水工事は河川に沿って堤防を築いていくものだ。高水工事が堤防を連続させるのに対し、低水工事は水害防備林や霞堤、乗り越え堤などを中心に据え、大洪水に対しては、あえて氾濫を許すことで、洪水の力を弱めることが配慮された。

高橋氏によれば、高水工事が洪水を「押し込める」方式なら、低水工事は洪水を「なだめる」方式となる。

「堤防という人工の構築物にいっさいの安全を託し、川と川以外の土地とを明確に隔てるこの高水工事の方式は、一方では土地の高度利用を図り、他方では人間に不要な水――洪水を川にゆだねて処理させる、いわば土地利用の分業化を図った解決方法であった」（同書）。

高橋氏は高水工事、すなわち「押し込める」方式が持つ思想とは川から周辺地への浸水を絶対に許すまい、という考え方に基づくものであって、洪水は川において一切処理すべきものとする思想であった、とする。すなわち「川の自然の機能を認めるか認めないか、流勢を緩めるか速めるか、流量安定を重視するのかしないのか、洪水を溢れさせるか押し込めるか、それらの点で、低水工事と高水工事とはまさに正反対であった」と指摘するのである。

ダム建設についても、最近は周辺の環境に与える影響が大きいことから、その必要性が見直され始めている。すでに緊急性、コスト、効果、環境への影響などさまざまな面から、全国でいくつかのダム建設が中止・凍結された。

ダムは、竣工して水が溜まり始めたその日から土砂も溜まり始め、いずれ埋没して使えなくなる消耗品だ。ちなみに、アメリカのダムの耐用年数が平均50年とされているのに対し、日本のダムは平均20年と短い。

高橋氏は「多目的ダムこそは、自然の法則をわきまえぬ欺瞞に満ちた水資源開発の方式であり、そこには多目的の名のもとに水を収奪していく資本の姿が雄弁に語られていた」と強調する。多目的とはいえ、それぞれの目的が互いに競合し、矛盾し合うからである。

さらに、使用した水は汚染された水であり、その処理も問題となる。

かつて都市にとって川は、まぎれもなく「捨て場」であった。すなわち、川は不要な水、洪水の処理場としての「量」の捨て場だったのである。そして、この「捨て場」としての川の思想のうえに発生するのが、今日の水問題、水資源の危機であるといえよう。都市は水を「ただひたすら使う」行為によって、水を「量」の面から奪い、その結果としての「捨て」の行為が水の「質」に対しても攻撃を仕掛ける。それが新たな「量」の略奪に結果するという図式で、「使い」と「捨て」の両面から水資源を奪っていくのである。

水の大量消費は、それだけでは終わらなかった。都市は、その発展のために水を使わずに消費するという細かな芸当をも演じていた。その一つが、3分の1とも4分の1ともいわれる膨大な量の漏水であった。

この意味では、水の利用は「使い」と「捨て」の両面からの水の略奪にほかならなかった。こうした水利用の倫理には「水は貴重な資源である」との概念は片鱗すらない。

都市化と水問題

水の問題は複雑だ。雨が多ければ洪水になり、不足すれば干ばつとなる。そこに人間の活動が加わると、水質汚染などの問題も関わってくる。

特に工業化が進み、経済が発展し、都市に人口が集まれば、都市化にともなう諸問題もからみ、水問題はいっそう複雑な様相を呈する。その解決は、矛盾する事柄の調整のうえに成り立つものといえる。

一般に、工業化および都市化と水問題のパターンには次のようなものがある。

①水需要の増大と水資源の開発の遅れによる水資源の不足問題

②地表面の不透水面化による降水などの地下浸透の減少と、地下水の過剰な汲み上げによる地下水位の低下

③排水量の増大と、排水水質の悪化および低い処理レベルによる水系の水質汚濁の進行

④地表面の不透水面化による流出率の増大と、以前は低湿地であったような地域への建築物の進出による都市型洪水の発生

⑤地表面の不透水面化と排熱量の増大によるヒートアイランド現象の発生

世界を見渡せば、中国やインドなどBRICsをはじめ多くの新興市場国では、経済成長にともなう急激な都市化によって水問題が悪化している。経済成長は、人口の都市集中や産業発展にともない、水資源の不足問題と同時に生活廃水、産業廃水などの増大による水質悪化をもたらすためだ。

人口500万人を超える都市を「メガシティ」と呼ぶ。アジアでは、東京をはじめバグダッド、ムンバイ、デリー、イスタンブール、ダッカ、カラチ、ジャカルタ、バンコク、

ソウル、上海、北京、天津、香港、台北などがあり、アジア以外のメガシティには、ニューヨーク、ロサンゼルス、カイロ、ラゴス、サンパウロ、ブエノスアイレス、メキシコシティなどがある。その数は２０００年時点で22だが、国連によると２０１５年には58に増える見通しだ。

問題は、開発途上国のメガシティでは、あまりにも急速な都市化のスピードにインフラ投資が追いつかないケースが多いことだ。たとえば、インドネシアのジャカルタの場合、水道を使えるのは住民の半分で、周辺地域になると住民の約８割がいまだ水道が利用できない状態にあるという。また、ジャカルタのようにモンスーン気候にあるアジアの都市の場合、年間の降水量は豊富であるが、雨季と乾季に分かれるため、雨季には洪水、乾季には干ばつとともに水量の低下が水質汚染を深刻化させるといった問題が生じる。

将来間違いなく予想される事態に対して、われわれはできるだけ早めに手を打っておく必要がある。

この点、日本は、こうした水問題にうまく折り合いをつけてきた歴史がある。過去60年間を見ただけでも、洪水や水不足、急速な都市化などにともなう、さまざまな水の問題を経験し、それらをクリアしてきたのである。

ちなみに、高橋裕氏の『都市と水』は、日本の水と付き合ってきた戦後40年の変遷を次のようにまとめている。

第1期は、1945〜1959年の大水害頻発時代であり洪水対策を最優先する「活水の時代」。

第2期は、1960〜1972年の「利水の時代」である。大都市や工業地帯での水の需要が急増し、各地で水不足が発生した。そのため水資源開発が焦眉の急となり、国家的にも重点施策として持ちだされた。

第3期は、1973年以降の「水環境重視の時代」である。景観を含む水循環への関心が高まり、それがウォーター・フロント、リバー・フロント、水と緑の街づくりが一挙に流行化した。

すなわち日本の水政策は、「洪水対策の時代」→水不足に対する「利水の時代」→「水環境重視の時代」へと重点が移ってきたのである。

治水、利水、水環境は水問題の3本柱といえる。水政策や水関連ビジネスにおいては、これら互いに矛盾する3つの要素をいかにバランスさせるかが重要となる。ただし、これが難しい。

日本は１９６４年の東京オリンピックのときに、深刻な水不足に陥っている。高度経済成長によって首都圏での水需要が高まったのに加えて、水需要の構成が変わったためである。農業の高度化で季節と無関係に野菜や花卉が栽培されるようになると、年間を通じて水が必要になった。水道で供給されている水のうち、飲料はわずか１％に過ぎず、料理などの需要を加えても数％程度だが、農業すなわち食糧生産のための水需要は需要全体の約７割にも及ぶのである。

さらに管理面でいえば、水を大量に使用するほうが便利な場合が多い。このため水資源開発が進めば進むほど、水の大量使用を促しがちになる。このことは水が大量に供給可能となれば、それを最大限に利用しようとする水利体系ができあがり、その結果、いったん渇水になれば、やはり水不足問題が生じることを示す。

しかし、１９７０年代のオイルショックを契機に水需要の伸びが止まり、その後の水需給計画の立て方が難しくなった。将来の工業や大都市人口の予測が極めて困難になり、さらに節水意識の普及など水需要をめぐる社会的な意識が急変したためだ。

ちなみに、１９８０年代に「おいしい水」ブームが起こった背景には、老朽化によって上下水道の水源の水質悪化が進み、水道水の味の低下をもたらしたことがある。

水環境の高度化を進める

今後、我が国は水に関してどのように取り組んでいくべきか。供給サイドと需要サイド、その両面からの取り組みを組み合わせる必要があろう。

まず供給サイドだが、日本では、地形が急峻で河川の延長距離が短いところに降雨が梅雨期や台風の季節に集中するため、せっかく降った水資源のうちのかなりの部分が利用されないまま海に流れ出てしまい、水資源賦存量に対する水資源使用率は約20%しかない。

また、これは日本に限らないが、森林の滞水能力は伐採や鉱山採掘によってどんどん破壊されている。また単一栽培（モノカルチャー）農業、単一植林が生態系から水を吸い取っている。さらに、化石燃料の消費の増大が大気汚染や異常気象を引き起こし、洪水、干ばつ、台風の原因となっている。そのことを考えれば、まず大地に水を溜めおく森林の滞水能力の価値を見直す必要がある。

需要サイドでは、水資源の再生利用を徹底すること、とりわけ最大の使用分野である農業用水の管理をしっかり行うことだ。水資源の再生利用とは一度利用した水を処理し、再度利用することであり、それによって給水および排水の量が減少することからダム建設や海水淡水化など水資源開発と同様の効果がある。

さらに、水資源の有効利用にも資するとともに、循環系外に出る汚濁物質の量も減少することから環境に及ぼす影響も少ない。その意味でも、これを積極的に導入すべきである。その際、重要なのは水環境計画（マスタープラン）の作成だ。水資源をとりまく課題が複雑さを増しているなか、自然の水をどのように保存するか、それをどのように利用するか。治水・利水・環境のバランスを取りながら、質と量の両面から水資源を効率的に確保・利用するため、水環境の高度化を進める必要がある。

なお、図表24は、都市部における水循環のイメージを表したものだ。これにより、高度化を考えてみよう。

水環境の高度化を進めるには、以下の点に留意する必要がある。

第1は、水収支のバランスである。自然地を残し、不透水面化を最小限に止めるなど地域開発の仕方によって水収支は大きく異なる。適切な地域開発計画が必要である。

第2は、地下水脈の保存だ。地下水は人間に例えれば血液にも匹敵する重要な水資源だ。ジオフロント（大深度地下）計画などで、その水脈をいったん断ち切ってしまうと後世に悔いを残すことになる。

第3は、水源の保全である。現在、日本では水源をもっぱら山間地に求めているが、水

図表24　都市部における水循環システム

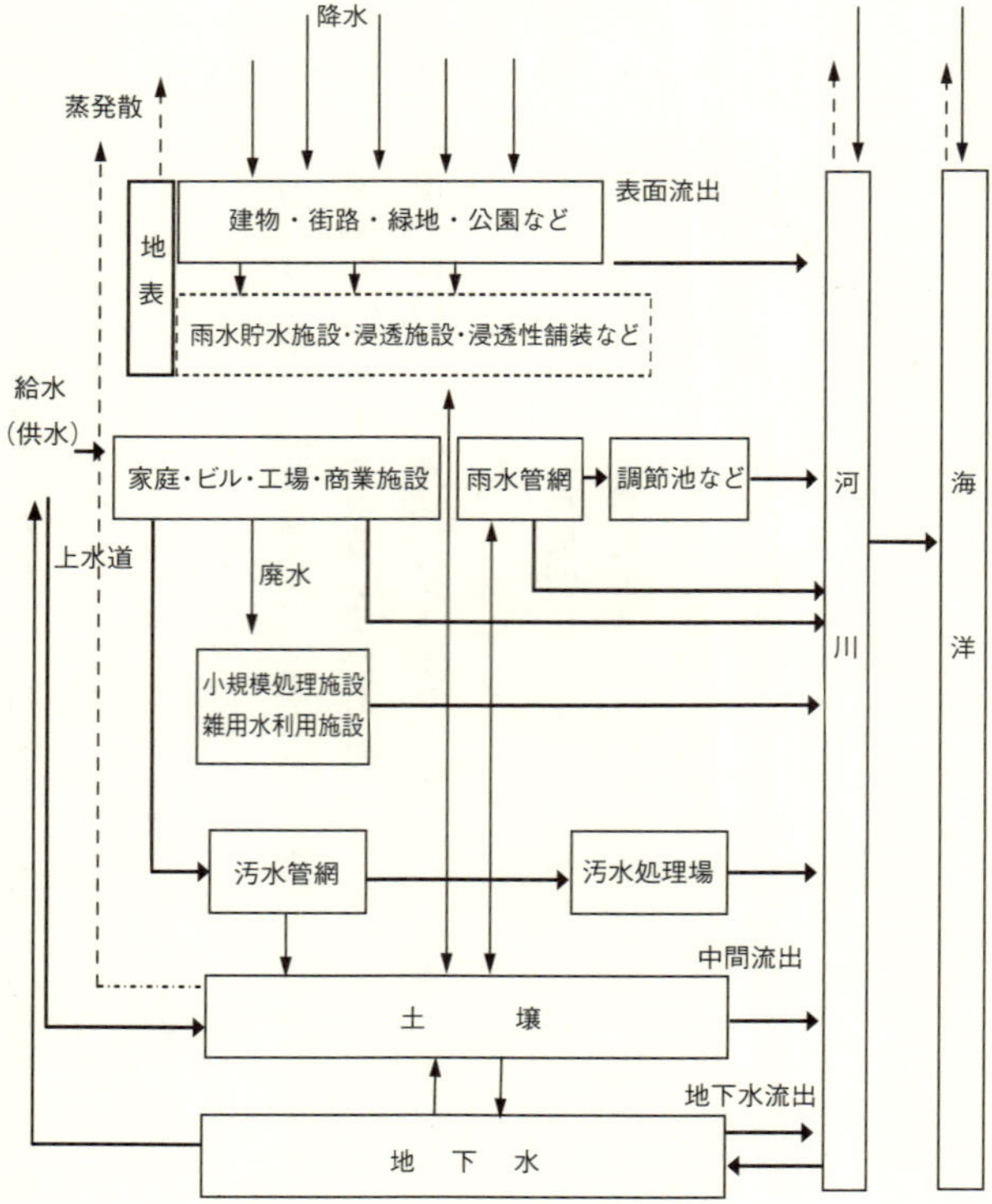

（出所）筆者作成

の用途と水質の組み合わせを創意工夫することによって雨水・廃水、その他の身近な水源も利用可能となる。

第4は、多元給水を検討することだ。具体的には、水道水、井戸水、河川水、その他水源の利用を検討する。

第5は、水の多段階（カスケード）利用である。飲用水、その他生活用水、産業用水、景観用水などそれぞれの用途に対応した水質を考慮し、上位の水質のものから下位の水質のものへと可能な限り多段階に利用することが重要だ。そのためには廃水処理の技術と負荷パターンの適切な組み合わせを実現し、それに対応したシステムを検討する必要がある。

第6は、熱源としての水利用である。具体的には、井戸水、排水の熱回収だ。

第7は、景観としての水利用である。それによって都市のアメニティ（居住性）を飛躍的に高めることができる。

第8は、使った水の処理である。水利用は原則として水質を劣化させ、廃水をともなう。大量の用水は大量の廃水となって環境に出される。それらは人間の健康に対して悪影響を与えるだけでなく、一次産業を破滅し、水資源そのものの質と量を低下させる。つまり水循環を不能にしてしまう。

図表25　都市部における水循環システム

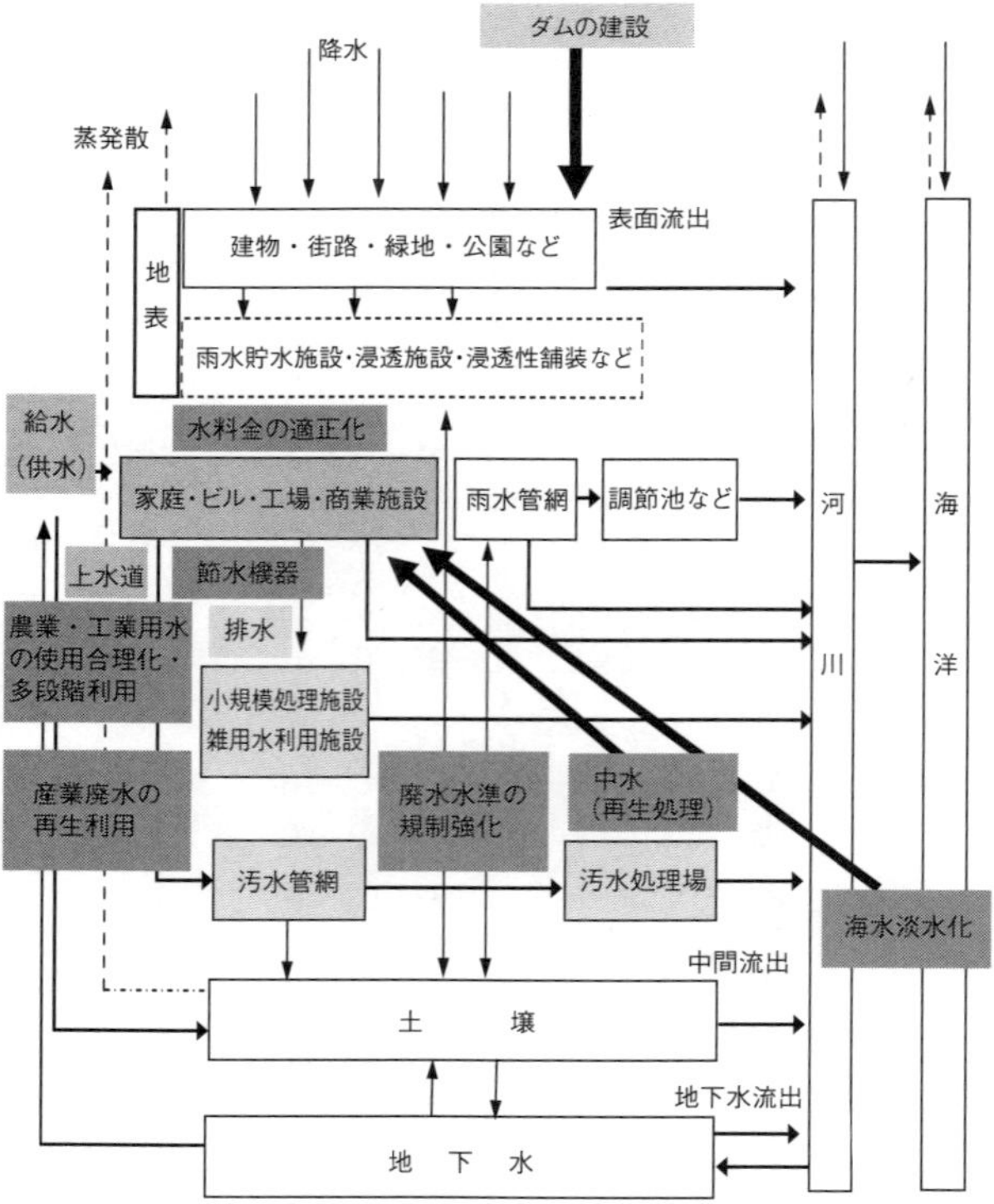

（出所）筆者作成

こうした都市部における水循環システムを維持・補強するためには、図表25のようにダムの建設をはじめ、水を使用する側からの対策として、中水（再生処理）の利用、海水淡水化、農業用水の使用合理化、節水機器の開発、工業用水の使用合理化、産業廃水の再生利用などがある。また、水の節約の方法としては、料金政策（使用料金の引上げ）や廃水水準の規制強化などが挙げられよう。

水資源の循環利用を考えるうえで、政策的に低価格に設定されている水料金との比較で、経済合理性をいかに確保するかが最大の課題である。この点、日本の産業部門は廃水処理レベルを改善する過程でさまざまな工程転換を進め、水資源の回収率を上げてきた実績がある（図表26）。ここで培われた経験やノウハウは今後、広東省の水循環の高度化を考えるうえでは活用すべき大きな財産である。

日本に必要な水資源確保

持続可能な社会を構築するためには、安全で安心な水の供給を支える健全な水循環が欠かせない。しかし、世界には慢性的に水が不足している地域が少なくない。しかも、開発途上国を中心にさらなる人口の増加と経済発展が見込まれることから、世界の水資源取水

図表26　日本の工業用水使用量と回収率の推移

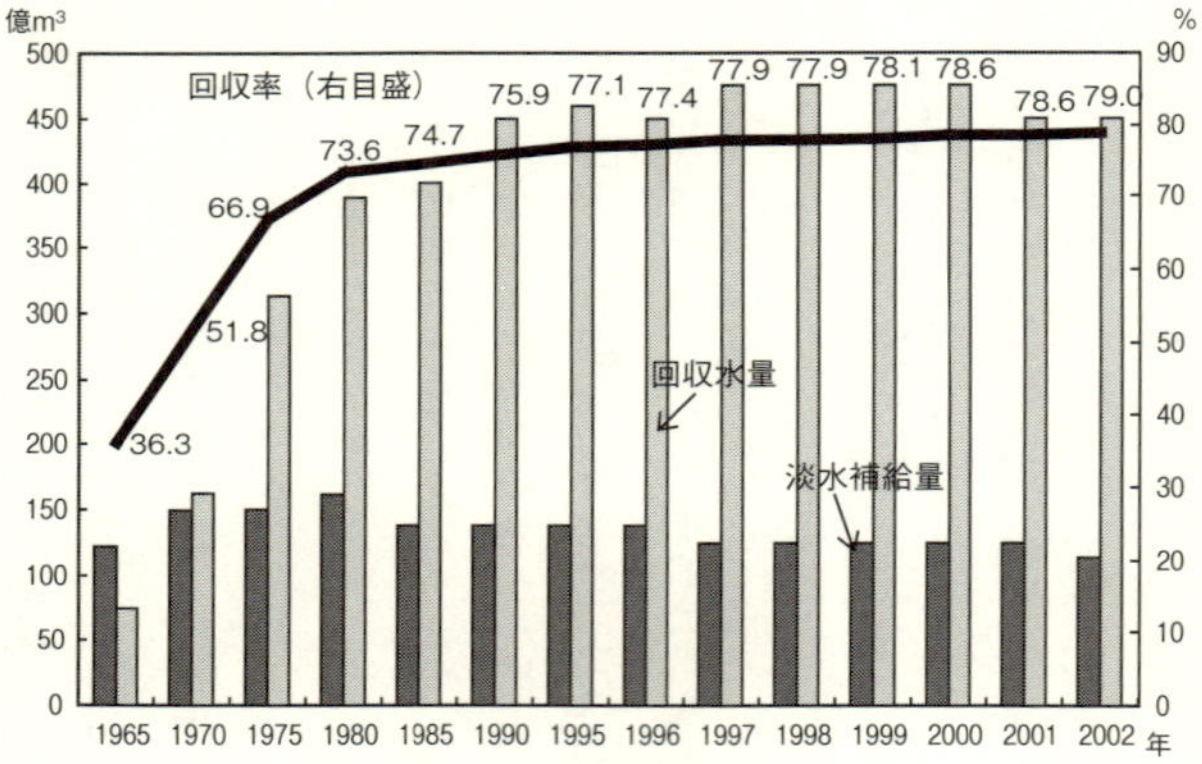

（出所）国土交通省「平成19年版　日本の水資源」より筆者作成

量は１９９５年の約３８００万立方メートル／年から２０２５年には４３００万～５２００万立方メートル／年まで増大すると推計されている。人類がこのまま過剰な取水を続けていけば、水を必要とするあらゆる生態系の健全な機能にも問題が生じかねない。

安全な飲み水へのアクセスは、国連のミレニアム開発目標の１つにも掲げられ、世界水フォーラムや先進国首脳会議の場でも世界的な水問題の解決が議題となっている。

我が国は、過去に同じような事態に直面したことがある。高度経済成長期を迎えた１９６０年代、拡大する一方の都市用水需要に対応するための水資源の開発が重要な課題とされ、全国にダムや貯水池、取水施設などの水資源関連の社会基盤を整備しながら、利用可能な水資源量を着実に増大させてきたのである。

世界的な趨勢と反対に現在、日本の水需要は頭打ちから減少に転じている。理由として減反や水利用の効率化、環境意識の向上、そして人口減少などがある。ときには異常気象とダムの渇水が関連付けられて報道されることがあり、表面上、今後の日本の水資源についてはそれほど悲観する必要はないようにも見える。果たしてそうだろうか。

これまでに見てきたように、われわれ日本人は世界の水資源を使って生産された食糧で生きているという事実を忘れてはならない。日本で1キログラムの小麦を生産するには、その約2000倍の2トンの水が必要となる。大豆では2・5トンだが、肉類の生産には大量の水が必要となる。鶏肉は1キログラムで4・5トン、豚肉は6トン、牛肉にいたっては2万倍の20トンもの水資源が消費される。肉類の場合、家畜の飲み水や洗浄水に加え、飼料を栽培するための水資源も含まれるためだ。

日本の食糧自給率はカロリーベースで4割に過ぎず、残り6割を輸入でまかなっている。仮に日本が輸入している食糧をすべて国内生産に切り替えようとした場合、年間約640億トンの水資源が必要と計算されるが、これは実に、琵琶湖の貯水量の約2・5倍に当たるという莫大な量である。また、1日1人当たりに換算すれば、約1500リットルの水に相当するのである。

世界中の水不足がいっそう深刻になれば、こうした日本の水の使い方に非難が集まる時代が訪れるかもしれない。

世界の水不足を放置すれば、食糧価格の高騰、あるいは食糧の枯渇というかたちで日本に危機が跳ね返ってくる可能性がある。また、日本が食糧自給率を上げようとすれば、再び水資源の問題に直面する可能性も否定できないだろう。

あとがき〜世界からミツバチが消える日〜

２００７年2月、米ＣＮＮニュースを見ていて、身が震えるほど驚いた。米国中のミツバチが、忽然といなくなってしまったというのだ。そんなことがあり得るのであろうか。ＣＮＮによれば、米国の養蜂業者が飼育するミツバチが、女王蜂を除いて巣箱から大量に失踪するという現象が広がっており、その現象が全米50州のうち、すでに27州とカナダの一部で報告され、全米の養蜂業者は過去6カ月で50〜90％のミツバチを失ったというのだ。

この影響は、想像以上に大きくなる可能性がある。蜂蜜価格の上昇ばかりでない。果物や野菜の生産に、深刻な影響を及ぼす懸念があるためだ。蜂蜜の生産量は、２００６年時点ですでに前年比11％減少しており、それにともなって、価格が同14％上昇している。２００７年は、一段の価格上昇が避けられない。影響は、蜂蜜など直接的なものだけにとどまらない。世界の25万種の顕花植物の実に4分の3が受粉を必要とするためだ。最も優れた受粉の媒介者がミツバチであることを思えば、農業生産に及ぼす影響は計り知れない。ミツバチが受粉を行う農作物には、オレンジなどの柑橘類のほか、リンゴ、アーモンド、タマネギ、ニンジン、アルファルファ（日本名は糸もやしで、牧草として利用）など年間150億ドルとされる。このうち年間の被害想定額は見積もりによっても異なるが、おおよそ数十億ドルの規模とされる。

こうしたミツバチが消える現象は「群崩壊症候群（ＣＣＤ：Colony Collapse Disorder）」と命名されたようだ。しかし、季節要因にかかわらず消失現象が見られることや、一般的な意味で病気ではない、との意見から、「ミツバチ消失症候群（ＶＢＳ：Vanishing Bee Syndrome）」といった名前もつけられている。

あまり話題にはならなかったが、ＣＣＤあるいはＶＢＳは米国では以前から伝えられていたようだ。最初に報告されたのは１８９６年のことで、最近は２００４年から２００５年の冬にかけて発生し、ポーランド、スペインも報告があるという。特に過去20年間にわたり世界規模でＣＣＤ／ＶＢＳが報告されている。この間、米国におけるミツバチの数は６００万匹から２５０万匹未満へと60％も減少したとされる。

現在のペースで減少し続けると、２０３５年までに全米からミツバチが消えてしまうことになる。そうなれば、ミツバチの受粉に頼る農産物に壊滅的な被害をもたらし、世界的な食糧危機につながりかねない。

この不思議な現象の原因は、いまのところ謎だ。免疫機構の弱体化、遺伝子組み換え作物の影響、エサ、農薬、吸血性の寄生ダニ、都市化の進行、さらに感染症にかかったとするもの、なかには受粉のための仕事量があまりに多く、移動ストレスが限界に達したという説がある。また、これらの複合要因によるのではないか、などさまざまな説が唱えられている。筆者は複合要因にくみするが、意外に水の要因もあるのではないか、と考えている。正体不明のＣＣＤ／ＶＢＳが、世界的食糧危機の前触れでないことを願うばかりだ。

あるいは、群を構成する同じ種の間で資源の配分があまりにも不公正になれば、群全体に危機が及ぶということなのか。ミツバチも人間も、ともに地球に生息し、温暖化という未曾有の変化に直面している。また社会を構成して生きる生物であるという共通点もある。消えていくミツバチは、人類の将来について何かを暗示しているように思われてならない。

執筆に当たっては、株式会社アジアンバリューの山野浩二氏に、企画・構成はもとより資料の提供や的確なアドバイスを頂いたのみならず、余りにも遅筆な筆者に対し堪忍袋の緒を切ることなく最後までお付き合いして頂いた。改めてお礼を申し上げたい。

柴田明夫

著者略歴

柴田明夫（しばた・あきお）

1951年、栃木県生まれ。1976年、東京大学農学部卒業後、丸紅に入社。鉄鋼第一本部、調査部を経て、2000年に業務部（丸紅経済研究所）産業調査チーム長、2002年に同研究所主席研究員に就く。2003年、副所長を経て、2006年に所長に就任。内外産業調査・分析、産業政策・国際商品市況分析の専門家として知られる。農林水産省「食料・農業・農村政策審議会」「国際食料問題研究会」「資源経済委員会」委員などを歴任。主な著書に『食糧争奪』（日本経済新聞出版社）、『資源インフレ』（日本経済新聞社）などがある。

角川SSC新書019

水戦争
水資源争奪の最終戦争が始まった

2007年12月30日　第1刷発行

著者　柴田明夫

発行者　松原眞樹

発行所　株式会社 角川SSコミュニケーションズ
〒101-8467
東京都千代田区神田錦町3-18-3 錦三ビル
編集部　電話03-5283-0265
営業部　電話03-5283-0232

印刷所　株式会社 暁印刷

装丁　Zapp! 白金正之

ISBN978-4-8275-5019-1

角川SSC新書

016
病とフットボール
エコノミークラス症候群との闘い
サッカー日本代表選手
高原直泰

ドイツ・ブンデスリーガでゴールを重ねながら、「エコノミークラス症候群」とも闘い続ける日々。いまなお続く、自らの病気のすべてを激白。

017
自民党で選挙と議員をやりました
元川崎市議会議員
山内和彦

ごくフツーの人が巨大政党の公認候補に！ 選挙を戦って見えた自民党と地方議会の実態を描く。著者はドキュメンタリー映画「選挙」主演。

018
アキバが地球を飲み込む日
秋葉原カルチャー進化論
アキバ経済新聞 編

メイド喫茶はなぜアキバで生まれたのか？ など、オタクカルチャーの発信地として世界の注目を集める秋葉原の秘密をわかりやすく解説。

019
水戦争
水資源争奪の最終戦争が始まった
丸紅経済研究所所長
柴田明夫

今、世界各地で危機的な水不足による紛争が勃発している。石油、穀物に続く水資源の奪い合いに、日本は生き残れるのか。

020
神社とご利益
作家・神社研究家
浦山明俊

出世、金運、縁結びなどのご利益は、なぜ生まれたのか。その根拠とは？ 主な神社31社についてエピソード満載で解き明かす。